制造业高端技术系列

多相混输泵内部流动数值模拟

史广泰　刘小兵　付成华　著

机械工业出版社

本书主要从数值模拟的角度阐述了多相混输泵内部流动特性的数值计算基本理论和基本方法，提出了一种多相混输泵增压单元的水力设计方法，在此基础上进一步分析了多相混输泵的各种特性。其主要内容包括：概述、多相混输泵数值计算基本理论与方法、基于 Blade-Gen 多相混输泵增压单元水力设计、多相混输泵水力性能、多相混输泵内气液两相流动机理、多相混输泵空化特性、多相混输泵内旋涡运动及湍流耗散特性、多相混输泵能量转换特性、多相混输泵流固耦合特性。本书不仅对研制高效、大流量、高扬程以及稳定性高的多相混输泵具有重要的指导作用，而且对推动我国深海矿产资源的开发具有重要的战略意义和工程应用价值。

本书可供能源动力、流体机械、海洋能利用等领域的技术人员和研究人员使用，也可供相关专业的在校师生参考。

图书在版编目（CIP）数据

多相混输泵内部流动数值模拟/史广泰，刘小兵，付成华著. —北京：机械工业出版社，2021.12

（制造业高端技术系列）

ISBN 978-7-111-69309-3

Ⅰ.①多… Ⅱ.①史… ②刘… ③付… Ⅲ.①油气输送 – 气液混输泵 – 数值模拟 – 研究 Ⅳ.①TE974

中国版本图书馆 CIP 数据核字（2021）第 206624 号

机械工业出版社（北京市百万庄大街 22 号 邮政编码 100037）
策划编辑：陈保华 责任编辑：陈保华 高依楠
责任校对：陈 越 封面设计：马精明
责任印制：单爱军
北京虎彩文化传播有限公司印刷
2022 年 1 月第 1 版第 1 次印刷
169mm×239mm·15.25 印张·2 插页·296 千字
标准书号：ISBN 978-7-111-69309-3
定价：99.00 元

电话服务　　　　　　　　　网络服务
客服电话：010 – 88361066　　机 工 官 网：www.cmpbook.com
　　　　　010 – 88379833　　机 工 官 博：weibo.com/cmp1952
　　　　　010 – 68326294　　金 书 网：www.golden – book.com
封底无防伪标均为盗版　　　机工教育服务网：www.cmpedu.com

前　言

　　多相混输泵是用于海洋矿产资源开采后输送的主要设备之一，在多相介质输送方面具有重要的地位。从 20 世纪开始，国外一些科研机构就已经开始对多相混输技术展开系列研究，并逐渐有成熟的产品应用于油气混输领域，而国内对多相混输技术的研究则相对较为落后，在技术方面还有待进一步提升。在实际工程应用中，多相混输泵输送的介质中含气率常达 80% 以上，甚至更高，且气液比不定时变化，易出现较大的旋涡。这样的流动过程易引起混输泵效率和扬程大幅降低，甚至出现较大的振动和噪声等，严重影响多相流介质的输送。为了提高多相混输泵的稳定性，实现其国产化，首先必须掌握其内部流动机理。本书主要从数值模拟的角度阐述了多相混输泵内部流动特性的数值计算基本理论和基本方法，提出了一种多相混输泵的水力设计方法，进而分析多相混输泵的水力性能、内部流动机理、空化特性、能量转换特性及流固耦合特性等。这些内容不仅对研制高效、大流量、高扬程及稳定性高的多相混输泵具有重要的指导作用，而且对推动我国深海矿产资源的开发具有重要的战略意义和工程应用价值。

　　本书的研究工作得到了国家重点研发计划"分布式光伏与梯级小水电互补联合发电技术研究及应用示范（2018YFB0905200）"、四川省动力工程及工程热物理"双一流"学科建设项目，以及流体及动力机械教育部重点实验室、流体机械及工程四川省重点实验室、四川省水电能源动力装备技术工程研究中心、清华大学水沙科学与水利水电工程国家重点实验室开放基金（sklhse – 2021 – E – 03）和四川省教育厅科研项目（17ZA0366）的大力支持。

　　本书基于作者多年研究成果撰写而成，很多成果已经在国内外重要期刊公开发表。本书共分 10 章，其中，第 1 章由西华大学刘小兵、付成华撰写，第 2 ~ 10 章由西华大学史广泰撰写。全书由史广泰进行章节设计和统稿。

　　在本书撰写过程中，得到了西华大学文海罡老师和张惟斌老师等人的大力支持，谨在此致以衷心的感谢。同时还要感谢本课题组所有研究生在本书撰写过程中进行的大量工作。在本书撰写过程中，参考和引用了大量的国内外相关文献，在此对这些文献的作者一并表示感谢。最后向参与本书审稿工作的专家表示真诚的感谢。

　　限于作者的能力和水平，加之时间仓促，书中难免有不当之处，敬请读者批评指正。

作　者

目　录

前言
第1章　概述 ……………………………………………………………………… 1
　1.1　多相混输泵的类型 ………………………………………………………… 1
　1.2　多相混输泵的工程应用 …………………………………………………… 3
　1.3　本章小结 …………………………………………………………………… 7
第2章　多相混输泵数值计算基本理论 ………………………………………… 8
　2.1　气液两相流模型 …………………………………………………………… 10
　　2.1.1　均相流模型 …………………………………………………………… 10
　　2.1.2　分相流模型 …………………………………………………………… 11
　　2.1.3　漂移流模型 …………………………………………………………… 12
　　2.1.4　双流体模型 …………………………………………………………… 14
　2.2　相间作用力 ………………………………………………………………… 16
　2.3　流固耦合计算基本理论 …………………………………………………… 18
　　2.3.1　流固耦合动力学控制方程 …………………………………………… 18
　　2.3.2　结构运动方程的有限元模型 ………………………………………… 20
　　2.3.3　模态分析的有限元方程 ……………………………………………… 21
　2.4　本章小结 …………………………………………………………………… 23
第3章　多相混输泵数值计算方法 ……………………………………………… 24
　3.1　湍流模型 …………………………………………………………………… 24
　　3.1.1　标准 $k-\varepsilon$ 模型及其修正 ………………………………………… 25
　　3.1.2　RNG $k-\varepsilon$ 模型 ………………………………………………… 27
　　3.1.3　Realizable $k-\varepsilon$ 模型 ………………………………………… 28
　　3.1.4　标准 $k-\omega$ 模型 ……………………………………………………… 29
　　3.1.5　SST $k-\omega$ 模型 ……………………………………………………… 29
　　3.1.6　RSM 模型 ……………………………………………………………… 29
　　3.1.7　LES 模型 ……………………………………………………………… 30
　3.2　空化模型 …………………………………………………………………… 31
　　3.2.1　Singhal 空化模型 …………………………………………………… 31
　　3.2.2　Zwart – Gerber – Belamri 空化模型 ……………………………… 32

   3.2.3　Schnerr – Sauer 空化模型 ································ 33
  3.3　多相混输泵建模及网格划分 ······························ 33
   3.3.1　过流部件几何建模 ······························· 33
   3.3.2　过流部件网格划分 ······························· 35
  3.4　边界条件及求解设置 ································· 38
  3.5　本章小结 ······································· 38

第4章　基于 BladeGen 多相混输泵增压单元水力设计 ··········· 39
  4.1　叶轮选型计算 ···································· 39
  4.2　导叶选型计算 ···································· 43
  4.3　叶轮水力设计 ···································· 45
  4.4　导叶水力设计 ···································· 53
  4.5　本章小结 ······································· 56

第5章　多相混输泵水力性能 ····························· 57
  5.1　多相混输泵外特性 ································· 57
   5.1.1　纯液条件下多相混输泵外特性 ·················· 57
   5.1.2　气液条件下多相混输泵外特性 ·················· 59
  5.2　多相混输泵水动力特性 ······························ 60
   5.2.1　气液两相条件下多相混输泵内瞬态水动力特性 ······ 60
   5.2.2　液相黏度对多相混输泵内水动力特性的影响 ········ 66
   5.2.3　气液两相条件下多相混输泵内压力脉动特性 ········ 68
  5.3　本章小结 ······································· 75

第6章　多相混输泵内气液两相流动机理 ····················· 77
  6.1　多相混输泵内气相分布规律 ···························· 77
   6.1.1　含气率对多相混输泵内气液两相分布规律的影响 ····· 77
   6.1.2　流量对多相混输泵内气液两相分布规律的影响 ······ 79
   6.1.3　转速对多相混输泵内气液两相分布规律的影响 ······ 88
   6.1.4　液相黏度对多相混输泵内气液两相分布规律的影响 ··· 92
   6.1.5　不同增压单元叶轮内气液两相分布规律 ··········· 102
  6.2　多相混输泵内压力分布规律 ···························· 108
   6.2.1　纯液条件下多相混输泵内压力分布规律 ··········· 108
   6.2.2　液相黏度对多相混输泵内压力分布规律的影响 ······ 113
   6.2.3　含气率对多相混输泵内压力分布规律的影响 ········ 115
   6.2.4　流量对多相混输泵内压力分布规律的影响 ·········· 117
  6.3　多相混输泵内速度分布规律 ···························· 118
   6.3.1　纯液条件下多相混输泵内速度分布规律 ··········· 118
   6.3.2　液相黏度对多相混输泵内速度分布规律的影响 ······ 120
   6.3.3　含气率对多相混输泵内速度分布规律的影响 ········ 122
   6.3.4　流量对多相混输泵内速度分布规律的影响 ·········· 124

6.4　多相混输泵内流线分布规律 ··· 125
　　6.4.1　纯液条件下多相混输泵内流线分布规律 ···················· 125
　　6.4.2　含气率对多相混输泵内流线分布规律的影响 ··············· 126
6.5　多相混输泵内湍动能分布规律 ·· 128
　　6.5.1　纯液条件下多相混输泵内湍动能分布规律 ·················· 128
　　6.5.2　含气率对多相混输泵内湍动能分布规律的影响 ············· 129
6.6　本章小结 ··· 130

第7章　多相混输泵空化特性 ·· 132
7.1　空化特性曲线 ··· 132
7.2　空化对多相混输泵内流特性的影响 ····································· 134
　　7.2.1　空化对压力分布的影响 ·· 134
　　7.2.2　空化对速度分布的影响 ·· 137
　　7.2.3　空化对湍动能分布的影响 ·· 141
7.3　含气率对多相混输泵空化性能的影响 ··································· 142
　　7.3.1　多相混输泵叶轮内气 - 汽相分布 ······························ 143
　　7.3.2　叶轮周向汽相体积分数变化规律 ································ 149
7.4　临界空化断裂工况下瞬态水动力特性 ··································· 150
　　7.4.1　临界空化断裂工况叶轮上的瞬态轴向力 ····················· 150
　　7.4.2　临界空化断裂工况叶轮上的瞬态径向力 ····················· 151
　　7.4.3　临界空化断裂工况导叶上的瞬态径向力 ····················· 151
7.5　本章小结 ··· 152

第8章　多相混输泵内旋涡运动及湍流耗散特性 ·························· 154
8.1　多相混输泵内旋涡演变机理 ·· 154
　　8.1.1　流量对多相混输泵内旋涡运动规律的影响 ·················· 154
　　8.1.2　转速对多相混输泵内旋涡运动规律的影响 ·················· 155
　　8.1.3　含气率对多相混输泵内旋涡运动规律的影响 ··············· 155
8.2　多相混输泵增压单元内湍流耗散特性 ··································· 164
　　8.2.1　含气率对多相混输泵内湍流耗散分布规律的影响 ·········· 165
　　8.2.2　流量对多相混输泵内湍流耗散分布规律的影响 ············· 170
8.3　本章小结 ··· 176

第9章　多相混输泵能量转换特性 ·· 179
9.1　多相混输泵叶片压力载荷分布规律 ····································· 179
　　9.1.1　纯液条件下多相混输泵叶片压力载荷分布规律 ············ 179
　　9.1.2　气液两相条件下多相混输泵叶片压力载荷分布规律 ······· 183
9.2　多相混输泵叶轮域能量变化规律 ·· 188
　　9.2.1　纯液条件下多相混输泵叶轮域能量变化规律 ··············· 188
　　9.2.2　气液两相条件下多相混输泵叶轮域能量变化规律 ·········· 191
9.3　多相混输泵叶轮域能量转换特性 ·· 193

9.3.1 纯液条件下多相混输泵叶轮域能量转换特性 …………………… 193
9.3.2 气液两相条件下多相混输泵叶轮域能量转换特性 ………………… 197
9.4 多相混输泵增压单元内的能量损失 ……………………………………… 200
9.4.1 能量损失计算方法 ……………………………………………………… 200
9.4.2 增压单元内能量损失分析 ……………………………………………… 201
9.5 空化对多相混输泵能量转换特性的影响 ………………………………… 206
9.5.1 空化对多相混输泵做功性能的影响 …………………………………… 206
9.5.2 空化对多相混输泵内能量损失的影响 ………………………………… 212
9.6 本章小结 ……………………………………………………………………… 215
第 10 章　多相混输泵流固耦合特性 ………………………………………… 217
10.1 多相混输泵叶片应力应变分布规律 …………………………………… 217
10.1.1 黏度对多相混输泵叶片应力应变分布规律的影响 ……………… 217
10.1.2 流量对多相混输泵叶片应力应变分布规律的影响 ……………… 219
10.1.3 含气率对多相混输泵叶片应力应变分布规律的影响 …………… 223
10.2 多相混输泵转子模态特性 ……………………………………………… 227
10.2.1 预应力对多相混输泵转子动力学特性的影响 …………………… 227
10.2.2 泵轴约束对多相混输泵转子动力学特性的影响 ………………… 228
10.2.3 泵轴约束对多相混输泵转子临界转速的影响 …………………… 231
10.3 本章小结 ………………………………………………………………… 231
参考文献 ………………………………………………………………………… 233

第1章

概　述

1.1　多相混输泵的类型

20 世纪 70 年代初，Good Ridge 首先提出了以多相泵为核心的多相混输技术的基本设计思想，这种技术思想是将未加处理的原油（油、天然气、水，有时还会有固体颗粒）从井口（安装在陆上、浅海或海底）直接混合输送到处理站，而无须分离其中各组分。30 多年前，法国石油研究院（IFP）、法国道达尔石油公司（Total）和挪威石油公司（Statoil ASA）三方合作，投资巨额资金，开始实施著名的海神计划。几乎与此同时，意大利的 AGIP、NUOVO PIGENON 和 SNAMPROGETTUI 公司也开始研制一种安装在水深 1000m 以下，并能把未经处理的多相混合物输送到 100km 以外的水下多相增压系统。另外，德国的 Bornemann、Leistritz，英国的 BHRA，挪威的 FRAMO 等公司也纷纷加入到多相混输系统的研制和应用中来，经过几十年的探索和研究，国外多相混输系统已成功地应用于近海油田及浅海平台油田。纵观相关大量研究成果，可用于多相输送的泵主要有以下两种：叶片式多相混输泵、容积式多相混输泵。叶片式多相混输泵中包括螺旋轴流式多相混输泵和离心泵等，容积式多相混输泵中包括双螺杆泵、隔膜泵、线性活塞泵、对转式湿式压缩机。另外，还有射流泵和 Weir 公司开发的井下多相混输泵等。其中，螺旋轴流式多相混输泵和螺杆泵成为多相混输泵的典型代表，本书主要介绍对象即为螺旋轴流式多相混输泵。

1. 螺旋轴流式多相混输泵

螺旋轴流式多相混输泵是由法国石油研究院（LFP）、挪威国家石油公司（Statoil ASA）及法国道达尔石油公司（Total）三方联合投资的"海神（Poseidon）"多相混输技术研究项目研究开发的一种混输泵，许多文献称之为海神泵。海神泵属于叶片泵，它由若干级增压单元组成，每个增压单元包括一个叶轮和一个导叶。当输送介质进入叶轮后，由于叶轮的旋转，介质被加速获得动能，而当加速的介质通过导叶时，速度减小，动能被转化为压能，介质每通过一个单元级，便增加一部分能量。叶片泵与容积式泵的根本区别在于，其压力的增加不是由单元级体积的变化所引起，而是由能量的传递和转化实现的。

螺旋轴流式多相混输泵是根据螺旋轴流泵（Helico - axial pump）的原理研究开发成的一种转子动力泵。该泵可输送含气率为 0～100% 的气液混合物，在全输气工况下的运行不受限制，对泵入口的流量变化具有自适用性，可输送含砂介质，结构紧凑。目前，螺旋轴流式多相混输泵已由法国 Sulzer 公司和挪威 Framo 公司系列化设计批量生产。该泵有 MPP1～MPP7 共 7 种型号，流量范围为 $150～1200m^3/h$，最小入口压力为 0.3MPa，转速范围为 3000～6800r/min，压缩比为 17，泵轴功率为 350～2000kW，水力效率约 45%；该泵采用的外部供液系统为轴承润滑和机械密封冷却，可用燃气、柴油发动机或液力机械驱动。

2. 螺杆式多相混输泵

螺杆式多相混输泵是在普通的输液用螺杆泵的基础上发展起来的，两者结构上具有很大的类似性，甚至有些时候可以相互通用。不同之处在于，由于多相混输的特殊性，在过流部件的选材、螺杆啮合间隙的选取以及机组的系统配置等方面，每个公司都有其不同的理念。对于不同种类的螺杆式多相混输泵，它们有一个共同的工作原理：依靠螺杆啮合副（螺杆转子之间，螺杆转子与螺旋形的定子之间）以及衬套，形成不断变化的空间容积，形成吸入腔、工作腔和排出腔，从而不断地将多相流介质从泵的进口输送到泵的出口。随着转子的旋转，在泵吸入腔形成一定的真空度，工作腔在螺牙的挤压下提高螺杆泵压力，并沿轴向移动，在排出腔形成由背压建立起来的工作压力。由于螺杆是等速旋转，所以液体出流流量也是均匀的。

按螺杆位置的布置，可分为立式螺杆式多相混输泵和卧式螺杆式多相混输泵两种。其中，卧式最为普遍，立式仅限于特殊空间安装的场合，如水下多相流混输系统等。

根据相互啮合的螺杆的数目不同，可分为单螺杆式多相混输泵、双螺杆式多相混输泵、三螺杆式多相混输泵等，它们的螺杆转子数量分别为一根、两根和三根。其中，单螺杆式多相混输泵是由一根转子和一根静止不动的定子啮合，实现流体的输送，定子通常以橡胶等材料制造而成。三螺杆泵并不是特别适合于油气混输，因此三螺杆多相混输泵的产品相对较少。

综上，叶片式多相混输泵中，流体靠叶轮的旋转而获得能量。其优点是结构简单、紧凑，运行稳定，操作方便，适应范围广，可适合有少量固体的混合物输送；缺点是对吸入条件比较敏感。容积式多相混输泵的工作原理是伴随工作容积的变化将流体从低压侧输送到高压侧。其显著的优点是在含气率很高时仍具有良好的增压效果，可靠性好；其缺点是体积、重量都很大，对固体颗粒比较敏感。

1.2 多相混输泵的工程应用

以多相增压泵为核心的油气水混输技术是油气田开采和输送的核心技术之一，其主要优势包括：第一，可以避免在上游井口建立气液分离系统，不必分别铺设输液管和输气管，只要铺设一条混输管道，从海上混输到岸边或陆地中心转运站后再进行处理；第二，由于具有较好的抽吸能力，降低了井口背压，可以提高采收率，从而提高油气产量，尤其濒临减产的油气井或即将枯竭的油气井，可以得到一定程度的恢复，还可以减少火炬燃烧或放空气。

目前已经实现工业应用的多相混输泵主要有两种类型：一种是螺旋轴流式多相混输泵，另一种是双螺杆式多相混输泵。这两种多相混输泵各有优缺点，从增压能力、流量范围以及适用的工况等综合来看，两者是相互补充的，均已在适合的油气田中得到了应用。

螺旋轴流式多相混输泵早在 1991 年就在突尼斯进行了示范性试验，后来在英国北海由近海到深海、俄罗斯西伯尼亚严寒地区、几内亚海底、沙特沙漠地区等都有成功应用的实例。仅有一例在印度尼西亚高黏、高凝、含有大量沙砾的油气田应用中遇到问题。双螺杆多相混输泵主要由德国 Bornemann、Leistritz、Colfax 等公司在双螺杆泵基础上研发成功。我国对双螺杆多相混输泵制造也有一定的基础，主要适应于中等流量、高中增压的场合，目前在加拿大、美国、英国北海以及我国海上平台已有应用。

1. 多相混输泵在陆上油气田开发中的应用实例

西西伯利亚先后在两个油田安装了螺旋轴流式多相混输泵，基本信息见表1-1。

表1-1 西西伯利亚油田所用螺旋轴流式多相混输泵基本信息

基本信息	第一个油气田	第二个油气田
地点	Samotlor	Priobskoye
安装时间	1997 年	2000 年前后
安装台套	2 台并联	前后安装了 4 台泵
处理量/（m³/h）	1000	3300
含气率（%）	70 ~ 86	78
油气比（%）	≈71	78
含砂量/（mg/L）	200	300
出口压力/MPa	2.0	5.5
背压/MPa	从 4.0 降到 2.8	

（续）

基本信息	第一个油气田	第二个油气田
功率/kW	2000	每台6000
转速（变速）/(r/min)	1500 ~ 4000	5800
周边油井数量/口	≈50	
距离中心处理站/km	15	33
室外温度/℃	-40 ~ +35	-55 ~ +35
机组尺寸（长×宽×高）/m	外罩：8×3×3	
机组质量/t	18	

据报道，多相混输泵在沙特得到成功应用。某油田采用螺旋轴流式多相混输泵为 1 口新井和 6 口恢复生产的停产井，原油产量从 24.8m³/h 提高到 82.8m³/h，气量为 118909m³/h，水量为 80m³/h。而后，又将已完全枯竭的 8 口井连接到螺旋轴流式多相混输泵站，复产后，每小时生产原油 60t。其所有原始投资在 6 个月后全部收回。究其原因是因为多相混输泵更加靠近井口，可以有效降低井口压力，从而使濒临枯竭或已枯竭的油田恢复生产，提高产量和采收率。

除了上述螺旋轴流式多相混输泵油田的成功应用外，有关双螺杆多相混输泵也有较多应用案例。

德国 Bornemann 公司是世界上双螺杆多相混输泵技术最成熟的厂家，主要包括两大系列产品，即 MW 系列和 MPC 系列。该公司生产的双螺杆多相混输泵已由帝国石油资源公司在 8 个国家的不同类型油田上推广应用了 40 余台，如在加拿大阿尔伯达油田，利用该型泵使每口井的生产时间延长，不再使用管线加热炉，同时使维护费用明显下降。井口压力已下降了 0.45MPa。目前双螺杆多相混输泵的吸入压力为 0.69 ~ 0.79MPa，排出压力为 1.17 ~ 1.31MPa。因为操作温度低于水化物形成点，所以冬季时油井不再停产，还节约了水化物抑制剂的费用。图 1-1 所示为德国 Bornemann 公司生产的多相混输泵。

图 1-1　德国 Bornemann 公司生产的多相混输泵

德国 Leistritz 公司也研发了 MPP 系列的双螺杆多相混输泵，该泵的设计包括高压和低压两种设计。可用于陆上和海上油田，也可用于边际油田的开发，从而省下传统的成套气液处理设备。MPP 多相混输泵转子尺寸系列范围为 96 ~ 365mm，最大流量可达 3300 桶/天。进出口压差可达 8.27MPa（1200psi），最高含气率可达 100%；首台 MPP 多相混输泵在 1993 年被用于墨西哥湾的平台上。如今，其产品已经在全世界各地得到广泛的应用，包括海上油田和陆地油田。雷士多相混输泵的连续运转寿命至少在 4000h 以上。MPP 系列多相混输泵的动力机，可以是电动机、柴油机、天然气发动机或透平等。原动机可以是直接连接，也可以通过齿轮箱连接。MPP 机组可以用于无人的海洋平台，也可以用在偏远的边际油田。

英国 MPS（Multiphase System Plc）公司系列化生产的 MP 型双螺杆多相混输泵，共有 6 种规格：MP5、MP10、MP20、MP40、MP100 和 MP200。每种规格的泵备有 4 种不同尺寸的可换件，以适应泵流量、体积含气率、排出压力、耐砂能力等的不同要求。例如，通过更换 MP40 型多相混输泵的可换件，其流量可由 198.8m³/h 增至 662.5m³/h。MP 型双螺杆多相混输泵已在马来西亚砂捞越州近海 Bokor B 平台、英国北海 Forties Bravo 平台和欧洲陆地油田上进行了现场试验，都取得了成功。

苏联曾在 20 世纪 70 年代中期，在实验室和巴什基里亚石油公司的油田上对双螺杆式泵输送油气混合液进行了系统的试验研究，并且取得了非常肯定的效果。此后在有关油田的油气密闭集输系统中获得了推广应用，还成批生产了 2BB100/16 ~ 100/20 型双螺杆多相混输泵。其主要特性参数包括：最大允许吸入压力为 0.7MPa；排出压力为 2.0MPa；总流量为 100m³/h；转速为 1450r/min；电动机功率不大于 184kW。所输送的气液混合物的物理性质包括：吸入气体含气率达 70%；原油运动黏度为 $0.15 \times 10^{-4} ~ 10 \times 10^{-4}$ m²/s；密度为 820 ~ 900kg/m³；机械杂质的质量分数达 2.5%；粒径不大于 0.2mm；温度达 40℃。

国内螺杆式多相混输泵厂家主要集中在天津的几家螺杆泵厂，包括天津工业泵厂、天津市瑞德螺杆泵制造技术有限公司、天津大港中成机械制造有限公司等。另外，上海七一一研究所也生产带内压缩的多相混输泵。

天津泵业集团公司主要生产 MW 系列双螺杆多相混输泵，其技术引进于德国 Bornemann 公司，因此其多相混输泵与 Bornemann 公司的早期 MQ 系列产品相似。天津泵业集团公司的多相混输泵在新疆石西油田石南站和塔河油田、大庆油田以及胜利油田得到成功应用。图 1-2 所示为 2002 年 8 月安装在新疆石西油田石南站的一套撬块多相混输泵组。

天津市瑞德螺杆泵制造技术有限公司的双螺杆多相混输泵主要有 2MPH 系列和 2MPS 系列，该公司的双螺杆多相混输泵工作压差可达 4.0MPa，最高含气率可达 97%。

上海七一一研究所早年承担了由中国石化下达的多相混输泵研制任务，于1996年6月完成了泵的全部设计并加工出第一台泵。在1997年通过了中船总公司和中国石化组织的技术鉴定，并于1999年通过了上海市科委组织的技术鉴定，成为上海市高新技术成果转化项目。

2. 多相混输泵在海上油气田开发中的应用实例

图1-2　新疆石西油田石南站的一套撬块多相混输泵组

多相混输泵应用路径为先陆地、后平台，技术成熟后进入水下应用。近年来，随着世界各国石油需求量的增大和石油勘探的深入，海上油气田逐渐成为各石油公司开发的重点之一。许多石油生产国设想在水下井口或平台上安装多相混输泵，将油气直接输往已有平台或岸上进行加工，从而节省石油开采和经营费用。因此，近年来海底双螺杆多相混输泵系统风起云涌。目前在英国北海、墨西哥湾以及我国海上平台均有应用。1994年，第一台水下多相混输泵在北海Gullfaks投入使用，之后在几内亚Topacio和Ceiba均得到应用。目前进入水下应用的多相混输泵，主要采用螺旋轴流式多相混输泵，至今约20台，双螺杆式多相混输泵也进行了现场应用示范。多相混输泵在水下油气田使用典型案例见表1-2。

表1-2　多相混输泵在水下油气田使用典型案例

油田名称	Topacio 海底	Ceiba 海底
时间	2000 年	2000 年
水深/m	550	750
总流量/(m³/h)	470	250
含气率（%）	75	50～90
进口压力/MPa	1.5	1.0～5.0
出口压力/MPa	5.0	5.0～7.0
功率/kW	840	860
转速/(r/min)	5060	

Topacio油田水深550m，采用水下生产系统进行开发，通过使用海底多相混输泵将井口采出的生产流体混输到8.5km外的浮式生产储卸油轮（FPSO），然后通过穿梭油轮外输。Ceiba油田海底深750m，采用水下生产系统进行开发，通

过多相混输泵将井口采出的生产流体混输到 7.5km 外的浮式生产储卸油轮（FP-SO），然后通过穿梭油轮外输。

这两个油田所采用的水下多相混输泵均采用电力驱动，由中心平台通过海底动力脐带缆提供所需要的电力驱动和控制。

据 OTC 17899 号文献报道，2006 年，水深约 3000m 的英国布达伦和尼可尔油田拟采用水下螺旋轴流式多相混输泵站将 4 口水平井以及周边几个卫星井的井流混输到 8.5km 外的浮式生产储卸油轮，该多相混输泵总流量达 600m³/h，进口压力为 3.0MPa，出口压力为 5.0MPa，允许含气率达 55% 以上。该多相混输泵电动机配置变速机，转速在 4200r/min 上下波动，电动机功率为 1100kW。该泵站还注入了甲醇、阻垢剂等化学药剂，采用 VX 型多相流量计等技术。

海底双螺杆多相混输泵也有成功应用的案例，如 1994 年，一种新型的海下双螺杆多相混输泵增压系统被安装在西西里近海的 Prezioso 油田，这可能是世界上首例水下多相混输泵的现场运行。该系统是一个整体模块式结构，总质量 25t，尺寸为 3.5m×3.5m×6m。通过法兰与一桩式的地基结构相连接。该地基结构为再组装模块提供了一个同心柱杆，并为弯管与控制终端提供支撑。通过变频器，电动机带动水轮机转动，再由水轮机驱动双螺杆式多相混输泵。除了多相混输泵和电动机外，还有以下设备：三个主要容器为主的螺杆泵辅助系统，用于检测记录主要液体的泄漏率和密封可能失灵的倾向；缓冲罐，用于降低过高的含气率，避免断塞流的出现；水下遥测系统，用于获取水下增压组件的实时数据，并传送到水上，水下遥测系统的电器组件密闭在一个大气压的可补偿压力的金属箱中。最后 Prezioso 油田对该系统先后进行了安装调试、性能测试、耐久性实验，结果比较理想。所在油井总产量从以前的 80m³/h 提高到 130m³/h，提高了 62.5%，净产量则提高了 40%。

1.3　本章小结

本章主要介绍了多相混输泵的类型，并分别对螺旋轴流式多相混输泵和双螺杆式多相混输泵两种典型泵型做了重点介绍，然后列举了这两种泵的工程应用案例。

第2章

多相混输泵数值计算基本理论

　　气液和气液固多相流体系具有典型的多尺度特征，如图2-1所示。气相中存在气泡和气泡群两个尺度；气泡群的空间螺旋运动导致液体的循环；气泡尺度的运动包括湍流涡的剪切脱落、液体绕流单个气泡，以及气泡和流体的相互作用。对于液相中的湍流涡，则具有跨度很大的空间尺度和时间尺度。多相反应器宏观上的流动行为取决于这些过程的混合、传递和相互作用。因此，需要发展有效的数学模型来定量描述物性参数、操作参数、结构参数等与宏观流动行为间的关系。

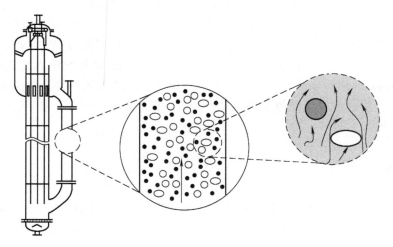

反应器尺度　　　　　　　　气泡群，颗粒群　　　　　　气泡(颗粒)尺度
含气率，含固率，循环液速　气泡(颗粒)的空间排布　　　气泡(颗粒)和流体的相互作用

图2-1　气液固多相流体系的典型多尺度特征

　　气液体系中的液相可以很方便地采用欧拉法对其行为进行描述。气相作为分散相，描述的方法分为两种：一种是欧拉（Eulerian）方法，把分散相视为拟连

续相；另一种是拉格朗日（Lagrangian）方法，对单个气泡或样品气泡进行跟踪。气液两相流的描述因此可分为欧拉－欧拉方法和欧拉－拉格朗日方法。

欧拉－欧拉方法将气相和液相均视为连续相，并假设气相和液相之间相互渗透。要获得连续相的基本控制方程可以有三种平均方法：一是时间平均法，二是体积平均法，三是统计平均法。

如图 2-2a 所示，时间平均法基于计算流动中某个固定点流动性质的平均值。如果物理量为速度，则速度随时间的变化曲线如图 2-2b 所示。平均时间的尺度介于局部的脉动时间 t' 和系统时间 T 之间。体积平均法基于计算一个体积单元内在某个瞬间的流动性质平均值，如图 2-2c 所示，平均体积的尺度介于气泡间的特征体积 l^3 和系统的特征体积 L^3 之间。统计平均法为基于某段给定的时间内在特定结构中的流场概率分布。多相流数值模型中大多数都是采用体积平均法。

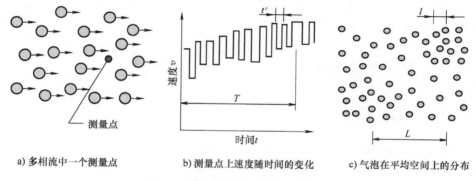

a) 多相流中一个测量点　　　b) 测量点上速度随时间的变化　　　c) 气泡在平均空间上的分布

图 2-2　连续相控制方程的平均方法

欧拉－拉格朗日方法中对连续相的处理采用欧拉平均法，而单气泡或气泡群的运动则通过建立该气泡或气泡群的力学平衡方程进行求解。在特定的体积范围内，气泡或气泡群的轨迹可以通过拉格朗日方法计算出来。在欧拉－欧拉方法的方程推导中，气泡的轨迹没有显示表达出来。

拉格朗日方法可以同时应用于稀相和密相流动中，在稀相流动中，气泡和气泡间的碰撞时间大于气泡的响应时间，因此，气泡的运动取决于气泡和液相间的相互作用以及气泡和壁面的碰撞。在密相流动中，气泡的响应时间大于气泡和气泡间的碰撞时间，因此，气泡和气泡间的相互作用同时受到气泡动力学、气液相互作用，以及气泡和壁面的碰撞三个因素影响。当流动为稳态的稀相时，拉格朗日形式的一种求解方法为轨迹法；当流动为不稳态的密相时，则需要采用更广义的离散元方法。

与欧拉－拉格朗日方法相比，欧拉－欧拉方法具有如下优点：一是气泡相和液相采用同一套数值方法，计算量较小；二是对气泡个数很多的情况适用性较好。但是该方法也存在一定的局限：一是气泡相对液相施加的作用、气泡间的相互作用和气泡大小分布的机理描述还不够清楚和准确；二是边界条件较难处理；三是气泡相稀疏时方程难以适用。

建立合适、准确的模型来描述气液两相运动规律是气液两相流动研究的目的。模型基于不同的假设有不同的适用范围，对准确描述两相运动的程度也存在差异。因此选用恰当的两相运动数学模型是流动研究的关键。

拉格朗日模型在计算中需捕捉所有的颗粒运动，故随着颗粒数量的增加，需捕捉的颗粒量也会随着上升。受当前计算机硬件的约束，不宜推广，只适合分析颗粒相体积分数较低的流动。当气相空泡含量较高时，通常我们选用欧拉模型求解两相流。当前泡状流无法获得解析解，要尽可能反映物理问题本质只能通过建立数学模型获得模拟解，模型越复杂，计算越困难。随着计算机性能的提高，欧拉泡状流计算模型也经历了从均相流模型、分相流模型、漂移流模型到双流体模型等简单到复杂的过程。

2.1　气液两相流模型

2.1.1　均相流模型

均相流模型是把气液两相混合物看成均匀介质，其物性参数取两相的均值而建立的模型，其基本假设如下：

1）气相和液相的实际速度相等，即 $v_l = v_g = v$。

2）两相介质已达到热力学平衡状态，压力、密度互为单值函数。

气液均相流模型的连续性方程为

$$\rho v A = 常数 \tag{2-1}$$

式中　ρ——介质密度（kg/m^3）；

v——介质速度（m/s）；

A——一维流段截面面积（m^2）。

下面是气液均相流模型的动量方程的推导。

取一维流段来研究，如图 2-3 所示，根据动量定理，可得动量方程式：

$$-A\mathrm{d}p - \mathrm{d}F - \rho g A \mathrm{d}z\sin\theta = \rho v A \mathrm{d}v \tag{2-2}$$

式中　$\mathrm{d}p$——压力变化量（Pa）；

$\mathrm{d}F$——摩擦力（N）；

g——重力加速度；

$\mathrm{d}z$——位移量（m）；

θ——流动方向与水平方向的夹角（°）。

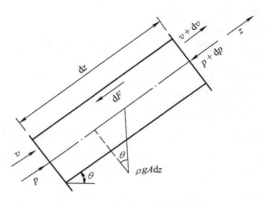

图 2-3　稳定的一维均相流段

对于泡状流和雾状流，具有较高的精确性；对于弹状流和段塞流，需要进行时间平均修正；对于层状流、波状流和环状流，则误差较大。

在式（2-2）中，$dF = \tau_{\mathrm{w}} \pi D dz$，其中 τ_{w} 为流体与管壁的剪切应力；D 为管直径。

在均流模型中，两相介质的密度取气液两相密度的平均值，而求其平均值的方法主要有以下两种：

按体积含气率 β 计算：$\rho = \beta \rho_{\mathrm{g}} + (1 - \beta) \rho_{\mathrm{l}}$，流动密度（无滑脱密度）；

按空隙率 φ 计算：$\rho = \varphi \rho_{\mathrm{g}} + (1 - \varphi) \rho_{\mathrm{l}}$，真实密度（有滑脱密度）。

2.1.2　分相流模型

把两相介质看作两个单相流，各自分开流动，保持孤立，并考虑两相之间的相互作用。其基本假设如下：

1）两相完全分离，根据各自所占截面计算平均速度。

2）在流道的任一截面上压力均匀分布。

3）考虑相间作用。

液相的连续性方程为

$$\frac{\partial}{\partial t}(\rho_{\mathrm{g}} H_{\mathrm{g}}) + \nabla \cdot (\rho_{\mathrm{g}} v_{\mathrm{g}} H_{\mathrm{g}}) = -\Delta m \tag{2-3}$$

气相的连续性方程为

$$\frac{\partial}{\partial t}[\rho_{\mathrm{l}}(1 - H_{\mathrm{g}})] + \nabla \cdot [\rho_{\mathrm{l}} v_{\mathrm{l}}(1 - H_{\mathrm{g}})] = \Delta m \tag{2-4}$$

热力学条件下，蒸发或蒸汽冷凝过程质量转化率 Δm 遵循下式：

$$\Delta m = Q \frac{S}{\gamma} \tag{2-5}$$

式中　　m——两相介质的混合平均值；

　　　　ρ_g——液相密度（kg/m^3）；

　　　　ρ_1——气相密度（kg/m^3）；

　　$H_{(g,1)}$——截面持液率，下标 g 指液相，1 指气相；

　　　　v_g——液相平均速度（m/s）；

　　　　v_1——气相平均速度（m/s）；

　　　　Q——单位时间由管道单位面积壁面进入的热流量 $[J/(m^2 \cdot s)]$；

　　　　S——管道湿周（m）；

　　　　γ——汽化潜热（J/kg）。

液相的动量方程为

$$-\frac{\partial}{\partial t}(\rho_g v_g) - \frac{\partial p}{\partial x} - \frac{1}{A}\nabla \cdot (\rho_g v_g^2) - \rho_g g - \frac{\tau_w S_{gw}}{A} + \frac{\tau_{gm} S_i}{A} - \frac{\Delta m_g v_g}{A} = 0 \quad (2-6)$$

气相的动量方程为

$$-\frac{\partial}{\partial t}[\rho_1(1-H_g)v_1] - (1-H_g)\frac{\partial p}{\partial x} - \frac{1}{A}\nabla \cdot [\rho_1 A(1-H_g)v_1^2] - \rho_1 g(1-H_g) -$$

$$\frac{\tau_w S_{lw}}{A} + \frac{\tau_{lm} S_i}{A} - \frac{\Delta m_1 v_1}{A} = 0 \qquad\qquad (2-7)$$

式中　　τ_w——壁面剪切应力（N/m^2）；

　　　　p——压力（Pa）；

　　　　x——坐标；

　　　　A——面积（m^2）；

　　　S_{gw}——管道中气相湿周（m）；

τ_{lm}，τ_{gm}——气，液相界面剪切应力（N/m^2）；

　　　　S_i——管道中气液相间湿周（m）；

　　　S_{lw}——管道中液相湿周（m）。

因此，计算对于两相低速、微耦合的流型，如层状流、环状流等较为合适。

2.1.3　漂移流模型

Zuber 和 Findlay 基于均相流模型和分相流模型与实际两相流动之间的偏差提出漂移流模型，弥补了这两种模型的不足。其考虑了相间的相对运动，并用漂移速度来描述两相之间的相对速度，还考虑了沿截面流动不均匀和空隙率的影响。漂移流模型的基本假设如下：

1）气液两相存在相对运动。

2）气液两相已经达到热平衡状态。

3）忽略相间作用。

　　在漂移模型中，既要考虑两相之间的相对速度，又要考虑空隙率及速度沿断面的分布规律。泡流中的速度及浓度分布如图2-4所示。

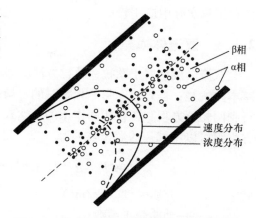

　　在图2-4中，任意量 F 的断面平均值为

$$\langle F \rangle = \frac{1}{A} \int_A F \mathrm{d}A$$

　　设 ϕ 为空隙率的局部值，则两相流动中任意量下的加权平均值为

$$\langle \langle F \rangle \rangle = \frac{\langle \varphi F \rangle}{\langle \varphi \rangle} = \frac{\dfrac{1}{A} \int_A \varphi F \mathrm{d}A}{\dfrac{1}{A} \int_A \varphi \mathrm{d}A}$$

$$(2\text{-}8)$$

图2-4　漂移模型泡流中的速度及浓度分布

　　由气相漂移速度的定义，气相的局部速度表示为 $v_g = v_{mg} + v$，其中 v_g、v_l、v 分别为气相速度、液相速度和混合介质速度平均值（m/s）。

　　气相速度的断面平均值应为

$$\langle v_g \rangle = \frac{1}{A} \int_A v_g \mathrm{d}A = \frac{1}{A} \int_A (v + v_{mg}) \mathrm{d}A = \langle v \rangle + \langle v_{mg} \rangle \qquad (2\text{-}9)$$

式中　v_{mg}——气相的漂移速度（m/s）。

　　气相速度的加权平均值为

$$\langle \langle v_g \rangle \rangle = \frac{\langle \varphi v_g \rangle}{\langle \varphi \rangle}$$

　　将 $v_g = v + v_{mg}$ 代入上式，得

$$\langle \langle v_g \rangle \rangle = \frac{\langle \varphi v \rangle}{\langle \varphi \rangle} + \frac{\langle \varphi v_{mg} \rangle}{\langle \varphi \rangle} \qquad (2\text{-}10)$$

　　式（2-10）右边第一项的分子和分母同乘以 $\langle v \rangle$，得

$$\langle \langle v_g \rangle \rangle = \frac{\langle \varphi v \rangle}{\langle \varphi \rangle \langle v \rangle} \langle v \rangle + \frac{\langle \varphi v_{mg} \rangle}{\langle \varphi \rangle}$$

　　按照分布系数 C_0 的定义式，上式可以改写为

$$\langle \langle v_g \rangle \rangle = C_0 \langle v \rangle + \frac{\langle \varphi v_{mg} \rangle}{\langle \varphi \rangle} \qquad (2\text{-}11)$$

　　按照加权平均值的定义式，上式可以进一步改写为

$$\langle \langle v_g \rangle \rangle = C_0 \langle v \rangle + \langle \langle v_{mg} \rangle \rangle \qquad (2\text{-}12)$$

该数学模型简单直观、物理意义明确，较为完善。其精度满足工程需求，因

而在工程实际中应用较广。

2.1.4 双流体模型

双流体模型属于欧拉 – 欧拉方法。采用双流体模型建立两相流方程的观点和基本方法是：首先建立每一相瞬时的、局部的守恒方程、然后采用某种平均方法得到两相流方程和各种相间作用的表达式。双流体模型中连续相和分散相的控制方程组可以用统一的形式表示为

$$\frac{\partial}{\partial t}(\rho\alpha\varphi)_k + \nabla \cdot (\rho\alpha\varphi v)_k = \nabla \cdot (\Gamma_\varphi \alpha \nabla\varphi)_k + S_{\varphi,k} \tag{2-13}$$

式中　ρ——介质密度（kg/m^3）；

　　　α——动能修正系数；

　　　k——液相 l 或气相 g；

　　　φ——某物理量，如速度分量、温度、焓、质量分数、湍动能和湍能耗散速率等；

　　　v——速度（m/s）；

　　　Γ——速度环量；

$S_{\varphi,k}$——各相自身的源项和相间作用引起的源项。

方程式（2-13）加上构成源项、输运系数模型及一些本构方程和关系式（如状态方程、温焓关系、热传导关系式、化学动力学关系等）构成封闭的双流体模型方程组。

针对具体的模拟对象和体系，需要对以上方程进行修改，如修改扩散系数和修改源项等。在气液体系的双流体模型中，通过修改源项可以加入气泡径向力、修改曳力模型，以及加入气泡对液相湍动的影响。

双流体模型基本控制方程包括质量守恒方程、动量守恒方程和能量守恒方程。在基本控制方程的基础上还需要对相间作用项和扩散系数等建立方程使双流体模型封闭。

1. 质量守恒方程（连续性方程）

在 Δt 时间内，任一控制体 V 内质量的增加来源于

$$\Delta \int_{V_1(t)} \rho_1 \mathrm{d}V + \Delta \int_{V_2(t)} \rho_2 \mathrm{d}V = -\int_{A_1(t)} \rho_1 \boldsymbol{n} \cdot \boldsymbol{v}_1 \Delta t \mathrm{d}A - \int_{A_2(t)} \rho_2 \boldsymbol{n} \cdot \boldsymbol{v}_2 \Delta t \mathrm{d}A \quad (k = 1,2)$$

$$\tag{2-14}$$

两边同时除以 Δt，并令 $\Delta t \rightarrow 0$，则

$$\frac{\mathrm{d}}{\mathrm{d}t}\int_{V_1(t)} \rho_1 \mathrm{d}V + \frac{\mathrm{d}}{\mathrm{d}t}\int_{V_2(t)} \rho_2 \mathrm{d}V = -\int_{A_1(t)} \rho_1 \boldsymbol{n} \cdot \boldsymbol{v}_1 \mathrm{d}A - \int_{A_2(t)} \rho_2 \boldsymbol{n} \cdot \boldsymbol{v}_2 \mathrm{d}A \quad (k = 1,2)$$

$$\tag{2-15}$$

式中　ρ_k——相 k 的密度（kg/m^3）；

　　　$A_{1(t)}$——控制体 V 的一个表面；

　　　　A——控制体面积（m^2）；

　　　$A_{2(t)}$——控制体 V 的另一个表面；

　　　　$\boldsymbol{n}$——垂直于控制体 V 的单位矢量；

　　　$\boldsymbol{v}_k$——相 k 的速度矢量（m/s）。

2. 动量守恒方程（运动方程）

单位时间内，控制体 V 内动量的增加有以下几个来源：①通过表面 $A_{1(t)}$ 和 $A_{2(t)}$ 流入的质量所携带的动量；②外界施于面 $A_{1(t)}$ 和 $A_{2(t)}$ 的应力（$-\boldsymbol{n}\cdot\boldsymbol{P}_1$）和（$-\boldsymbol{n}\cdot\boldsymbol{P}_2$）；③外界施于控制体内各部分的彻体力 $\rho_1\boldsymbol{b}_1$ 和 $\rho_2\boldsymbol{b}_2$。由此得到如下动量方程：

$$\frac{\mathrm{d}}{\mathrm{d}t}\int_{V_1(t)}\rho_1\boldsymbol{v}_1\mathrm{d}V + \frac{\mathrm{d}}{\mathrm{d}t}\int_{V_2(t)}\rho_2\boldsymbol{v}_2\mathrm{d}V = -\int_{A_1(t)}\rho_1(\boldsymbol{n}\cdot\boldsymbol{v}_1)\boldsymbol{v}_1\mathrm{d}A - \int_{A_2(t)}\rho_2(\boldsymbol{n}\cdot\boldsymbol{v}_2)\boldsymbol{v}_2\mathrm{d}A -$$

$$\int_{A_1(t)}(\boldsymbol{n}\cdot\boldsymbol{P}_1)\mathrm{d}A - \int_{A_2(t)}(\boldsymbol{n}\cdot\boldsymbol{P}_2)\mathrm{d}A +$$

$$\int_{V_1(t)}\rho_1\boldsymbol{b}_1\mathrm{d}V + \int_{V_2(t)}\rho_2\boldsymbol{b}_2\mathrm{d}V \quad (k=1,2) \quad (2\text{-}16)$$

式中　$\boldsymbol{b}_k$——外界作用于相 k 单位质量上的彻体力；

　　　$\boldsymbol{P}_k$——相 k 内的压强张量。

双流体模型控制方程为一些在数学形式上相似的偏微分方程组，其通用形式可用式（2-13）表示。双流体模型的控制方程一般无法进行解析求解，需要采用数值方法进行离散求解。已经发展的数值求解方法包括有限差分法（finite difference method）、有限容积法（finite volume method）和有限元法（finite element method）。其中有限容积法是目前使用比较普遍的方法，该方法的主要思路是：①将守恒型的控制方程在任意控制容积和时间间隔内积分；②选定未知函数及其导数对时间和空间的局部分布曲线；③对方程各项按选定的型线积分，整理成关于节点上未知量的代数方程。

在流场的计算中，为解决没有单独的压力控制方程的问题，通常采用 Patankar 和 Spalding（1972）提出的 SIMPLE 算法（semi-implicit method for pressure-linked equations）或其改进算法，如 SIMPLEC。SIMPLE 算法的基本步骤如下：①赋初场，包括给定初始速度、压力、k、ε 分布等；②计算动量方程的系数和源项；③求解动量方程，得到 u^*、v^*、w^*；④求解压力修正方程，得到 p'，若该方程的源项 $b=0$，则计算收敛；⑤利用 p' 对速度和压力进行修正；⑥求解其他量 φ；⑦把矫正压力作为新的试探压力，回到第②步，重复整个过程至收敛。

2.2 相间作用力

在动量守恒方程中，需要给定相间作用力的表达式使方程进行封闭。相间作用力包括曳力、附加质量力和径向力。近年来的研究结果表明，径向力包括升力、湍动扩散力和壁面润滑力，这些径向力对含气率的径向分布具有决定性的影响。下面分别对各种相间作用力的模型进行介绍。

1. 曳力

曳力是气液相间动量传递最主要的作用力，常见的曳力表达式为

$$M^D = \frac{3}{4d_b}\alpha_g C_D \rho_l \left| v_g - v_l \right| (v_g - v_l) \tag{2-17}$$

式中 M^D——气泡群曳力；

$\quad\quad d_b$——气泡尺寸；

$\quad\quad \alpha_g$——气相体积分数；

$\quad\quad C_D$——单气泡曳力；

$\quad\quad \rho_l$——液相密度（kg/m^3）；

$\quad\quad v_g$——气相速度（m/s）；

$\quad\quad v_l$——液相速度（m/s）。

曳力的影响因素非常多，除了物理性参数外，还包括气泡大小、气泡形状、气泡的表面波动或变形、气泡间的相互影响等，并且其中某些因素还互相关联。这些因素影响了气泡与液体间的流场，从而改变了气泡的受力状态。在计算气泡群曳力 C_D 时，通常以单气泡曳力系数的计算公式作为参照。CFD 中最常见的单气泡曳力公式为 Tomiyama 等（1998）的如下曳力公式：

对于纯液体体系，有

$$C_D = \max\left\{ \min\left[\frac{16}{Re}(1 + 0.15 Re^{0.687}), \frac{48}{Re} \right], \frac{8}{3} \times \frac{Eo}{Eo + 4} \right\} \tag{2-18}$$

对于含有轻微杂质的体系，有

$$C_D = \max\left\{ \min\left[\frac{24}{Re}(1 + 0.15 Re^{0.687}), \frac{72}{Re} \right], \frac{8}{3} \times \frac{Eo}{Eo + 4} \right\} \tag{2-19}$$

对于含有大量杂质的体系，有

$$C_D = \max\left\{ \min\left[\frac{24}{Re}(1 + 0.15 Re^{0.687}), \frac{8}{3} \right], \frac{8}{3} \times \frac{Eo}{Eo + 4} \right\} \tag{2-20}$$

式中 Re——雷诺数；

$\quad\quad Eo$——Eotvos 数。

早期的双流体模型中主要考虑了曳力的影响。在均匀鼓泡区，当含气率较低

时，气泡间相互作用较弱，这种条件下气液相间作用通常可以直接采用单气泡曳力模型进行计算；当含气率较高时，由于气泡的相互阻挡作用，曳力系数变小。在不均匀鼓泡区，由于大气泡的尾涡作用，气泡上升速度明显高于单气泡的上升速度，但气泡尾涡对气泡的影响机制非常复杂。Ishii 和 Zuber（1979）建议不均匀鼓泡区气泡群的曳力系数等于单气泡曳力系数的 $(1 - \alpha_g)^2$ 倍。Krishna 等（1999）提出了将气泡相分为大气泡相和小气泡相分布处理，并基于床层塌落（dynamic gas disengagement）方法测得的实验数据给出了大气泡速度和小气泡速度的关联式。Wang 等（2006）主要考虑了大气泡尾涡的加速作用，引入大气泡分率对单气泡的曳力系数进行修正。

2. 附加质量力

当气泡相对于液体加速度运动时，周围部分液体被加速，使气泡受到附加质量力作用，可用下式进行计算：

$$F_{VM} = \alpha_g \rho_1 C_{VM} \left(\frac{\mathrm{d}v_g}{\mathrm{d}t} - \frac{\mathrm{d}v_1}{\mathrm{d}t} \right) \tag{2-21}$$

式中　　C_{VM}——附加质量力系数，根据 Cook 和 Harlow（1986）的研究取值为 0.25。

3. 升力

气泡所受升力的影响因素非常复杂，一般认为主要的影响因素有液速梯度、滑移速度和气泡大小及形状等。气泡所受升力可采用下面的公式计算：

$$F_L = - C_L \alpha_g \rho_1 (v_g - v_1) \frac{\partial v_1}{\partial r} \tag{2-22}$$

式中　　C_L——升力系数，当 C_L 为正值时升力指向壁面，当 C_L 为负值时升力指向床中心；

　　　　r——半径或径向距离。

近年来对气泡受力进行了更为深入的研究，发现当气泡大小和形状不同时，升力的方向会发生改变。Tomiyama（1998）对气泡升力进行了实验研究，发现气泡大小是影响气泡升力方向的关键因素，升力系数与气泡雷诺数 Re_b 和修正 Eotvos 数 Eo'（基于气泡最大水平尺寸 d_{bH} 计算）有关。空气 - 甘油水溶液体系中单气泡的升力系数可用下面的关联式进行计算：

$$C_L = \begin{cases} \min\left[0.288\tanh(0.121Re_b), f(E'o)\right] & Eo' < 4 \\ f(Eo') & 4 < Eo' < 10 \\ -0.29 & Eo' > 10 \end{cases} \tag{2-23}$$

$$f(Eo') = 0.00105Eo'^3 - 0.0159Eo'^2 - 0.0204Eo' + 0.474 \tag{2-24}$$

由以上关联式可知，在气液鼓泡床和气升式环流反应器中，小气泡所受升力指向壁面，大气泡所受升力则指向床中心。

式（2-23）和式（2-24）是基于高黏度体系单气泡的实验数据得到的，不能直接用于低黏度体系（如空气-水体系）多气泡体系升力的计算。将升力系数作为模型参数，并根据各模拟工况采用的升力系数进行回归，得出空气-水体系多气泡升力系数的如下关联式：

$$C_{L} = \begin{cases} \min\left[0.288\tanh(0.121Re), f(Eo')\right] & Eo' < 3.4 \\ f(Eo') & 3.4 < Eo' < 5.3 \\ -0.29 & Eo' > 5.3 \end{cases} \quad (2\text{-}25)$$

$$f(Eo') = 0.00952Eo'^{3} - 0.0995Eo'^{2} + 1.088 \quad (2\text{-}26)$$

4. 湍动扩散力

湍动扩散力是由液相湍动和含气率径向分布引起的，其作用效果是使含气率径向分布趋于均匀。Lahey 等（1993）给出了如下的计算公式：

$$F_{TD} = -C_{TD}\rho_{1}k_{1}\frac{\partial\alpha}{\partial r} \quad (2\text{-}27)$$

对于水-空气体系，C_{TD} 取值为 1.0，α 为含气率。

5. 壁面润滑力

Antal 等（1991）考虑到靠近壁面的气泡周围流场具有不对称性，气泡受到壁面润滑力的作用，其效果是使近壁面区域的气泡远离壁面运动。Tomiyama（1998）对 Antal 等（1991）的关联式进行了改进，其结果为

$$F_{W} = C_{W}\alpha_{g}\rho_{1}\,|\,(v_{1} - v_{g})\cdot n_{z}\,|^{2}n_{w}^{2} \quad (2\text{-}28)$$

式中　C_{W}——壁面润滑力系数，在空气-水的湍流鼓泡体系中其值约为 0.1；

　　　n_{z}——平行于壁面的单位向量；

　　　n_{w}——壁面的单位外法向量。

2.3　流固耦合计算基本理论

2.3.1　流固耦合动力学控制方程

在进行叶片式流体机械的流固耦合动力学分析时，结构的零部件一般为金属制造，可以视为连续分布的弹性体结构，固体部分的守恒方程由牛顿第二定律导出：

$$\rho_{s}d_{s} = \nabla\cdot\sigma_{s} + f_{s} \quad (2\text{-}29)$$

式中　ρ_{s}——固体密度（kg/m³）；

　　　d_{s}——固体计算域的位移（m）；

$\boldsymbol{\sigma}_{\mathrm{s}}$——固体柯西应力张量；

$\boldsymbol{f}_{\mathrm{s}}$——固体体积力矢量。

流固耦合遵循最基本的守恒原则，所以在流固耦合交界面处，应满足流体与固体应力（τ）、位移（d）、热流量（q）、温度（T）等变量的相等或守恒，即满足如下 4 个方程：

$$\begin{cases} \tau_{\mathrm{f}} \cdot n_{\mathrm{f}} = \tau_{\mathrm{s}} \cdot \boldsymbol{n}_{\mathrm{s}} \\ d_{\mathrm{f}} = d_{\mathrm{s}} \\ q_{\mathrm{f}} = q_{\mathrm{s}} \\ T_{\mathrm{f}} = T_{\mathrm{s}} \end{cases} \tag{2-30}$$

式中　下标 f——流体计算域；

　　　　$\boldsymbol{n}$——法向单位向量；

　　　下标 s——固体计算域。

式（2-32）就是流固耦合计算分析所采用的基本控制方程，为便于分析，可以建立控制方程的通用形式，然后给定各参数以及适当的初始条件和边界条件，统一求解。

流固耦合系统的控制方程的解可以表示为 $X = (X_{\mathrm{f}}, X_{\mathrm{s}})$，其位移、应力可表示为 $d_{\mathrm{s}} = d_{\mathrm{s}}(X_{\mathrm{s}})$，$\tau_{\mathrm{f}} = \tau_{\mathrm{f}}(X_{\mathrm{f}})$，流固耦合系统的求解方程可以表示为

$$F[X] = \begin{bmatrix} F_{\mathrm{f}}[X_{\mathrm{s}}, d_{\mathrm{s}}[X_{\mathrm{s}}]] \\ F_{\mathrm{s}}[X_{\mathrm{f}}, \tau_{\mathrm{f}}[X_{\mathrm{f}}]] \end{bmatrix} \tag{2-31}$$

流体方程非线性的特性决定了流固耦合系统求解方程的非线性。对于非线性方程的求解，需要使用迭代的方法。所以得到的是流固耦合问题的迭代解 X^1，X^2，然后根据力、位移的许可误差标准来检查迭代的收敛性。

从算法上来说，目前用于解决边界流固耦合问题的方法主要有两种：直接耦合式解法（directly coupled solution，也称为 monolithic solution）和分离解法（partitioned solution，也称为 load transfer method）。

直接耦合式解法通过把流固控制方程耦合到同一个方程矩阵中求解，也就是在同一求解器中同时求解流体和固体的控制方程，即

$$\begin{bmatrix} A_{\mathrm{ff}} & A_{\mathrm{fs}} \\ A_{\mathrm{sf}} & A_{\mathrm{ss}} \end{bmatrix} \begin{bmatrix} \Delta X_{\mathrm{f}}^k \\ \Delta X_{\mathrm{s}}^k \end{bmatrix} = \begin{bmatrix} B_{\mathrm{f}} \\ B_{\mathrm{s}} \end{bmatrix} \tag{2-32}$$

式中　　　　k——迭代时间步；

A_{ff}、ΔX_{f}^k 和 B_{f}——流场的系数矩阵、待求解变量和外部作用力；

A_{ss}、ΔX_{s}^k 和 B_{s}——对应固体区域的系数矩阵、待求解变量和外部作用力；

　　A_{sf} 和 A_{fs}——流固的耦合矩阵。

由于同时求解流固的控制方程不存在时间滞后问题，所以直接解法在理论上更加先进和理想，但是在实际应用中，直接解法很难将现有 CFD 和 CSM 技术真正地结合到一起，同时考虑同步求解的收敛难度和耗时问题。直接解法目前主要应用于如压电材料模拟等电磁－结构耦合和热－结构耦合等简单问题中，对"流体－结构"的耦合只能应用于一些简单的研究中，还没在流体机械的动力学分析中发挥实际作用。

与之相反，流固耦合的分离解法则不需要耦合流固控制方程，而是按设定顺序在同一求解器或不同求解器中分别求解流体控制方程和固体控制方程，通过流固交界面（FS Interface）把流体域和固体域的计算结果互相交换传递。待收敛达到要求，再进行下一时刻的计算，依次而行求得最终结果。相较于直接耦合式解法，分离解法有时间滞后性和耦合界面上的能量不完全守恒的缺点，但是这种方法的优点也显而易见，它能最大化利用已有计算流体力学和计算固体力学的方法和程序，只需对它们做少许修改，就能保持程序的模块化；另外分离解法对内存的需求大幅降低，因此可以用来求解工程实际中的大规模分析问题。在目前的主流商业 CAE 软件中，分离解法已成了流固耦合计算分析的首选。

2.3.2　结构运动方程的有限元模型

根据 Hamilton 变分原理，建立离散的结构运动方程式。采用变分原理中的拉格朗日泛函定义为

$$L = T - E - W_{\mathrm{d}} + W_{\mathrm{e}} \tag{2-33}$$

式中　T——结构的动能，即

$$T = \iiint_{V_c} \frac{1}{2} \rho \dot{\boldsymbol{U}}^{\mathrm{T}} \dot{\boldsymbol{U}} \mathrm{d} \boldsymbol{V} \tag{2-34}$$

式中　$\dot{\boldsymbol{U}}$——速度列向量，表示位移 U 对时间的一阶导数。

E 是结构的应变能，即

$$E = \iiint_{V_c} \frac{1}{2} \boldsymbol{\xi}^{\mathrm{T}} \boldsymbol{\sigma} \mathrm{d} \boldsymbol{V} = \iiint_{V_c} \frac{1}{2} \boldsymbol{\xi}^{\mathrm{T}} \boldsymbol{D} \boldsymbol{\xi} \mathrm{d} \boldsymbol{V} \tag{2-35}$$

式中　$\boldsymbol{\sigma}$、$\boldsymbol{\xi}$——结构应力、应变列向量；
　　　　$\boldsymbol{D}$——结构弹性常数矩阵。

W_{d} 是结构阻尼力势能，即

$$W_{\mathrm{d}} = \iiint_{V_c} \frac{1}{2} c \dot{\boldsymbol{U}}^{\mathrm{T}} \dot{\boldsymbol{U}} \mathrm{d} \boldsymbol{V} \tag{2-36}$$

式中　c——结构阻尼力系数。

W_{e} 是外力势能，它包括体积力势能 W_{e1} 和表面力势能 W_{e2}，即

$$W_e = W_{e1} + W_{e2} = \iiint\limits_{V_c} U^T F_v dV + \int\limits_{\Gamma_c} U^T F_s d\Gamma \tag{2-37}$$

式中　F_v——体积力列向量；

　　　F_s——表面力列向量。

将式（2-36）~式（2-39）代入式（2-35），可得拉格朗日泛函：

$$L = \frac{1}{2} \iiint\limits_{V_c} (\rho_s \dot{U}^T U - \xi^T D \xi - c \dot{U}^T \dot{U} + 2 U^T F_v) dV + \iint\limits_{\Gamma_s} U^T F_s d\Gamma \tag{2-38}$$

将结构域（V）离散为有限个单元（element）体，在单元内进行插值，则有

$$U = \overline{N}^{(e)} U^{(e)} \tag{2-39}$$

$$\dot{U} = \overline{N}^{(e)} \dot{U}^{(e)} \tag{2-40}$$

式中　$U^{(e)}$——结构单元节点位移列向量；

　　　$\overline{N}^{(e)}$——结构单元位移形函数矩阵；

　　　e——单元。

由材料力学可知，应力应变关系、应变位移关系分别为

$$\sigma = D\xi \tag{2-41}$$

$$\xi = B U^{(e)} \tag{2-42}$$

式中　B——结构应变矩阵。

将式（2-41）~式（2-44）代入式（2-40）得到泛函：

$$L = \frac{1}{2} \iiint\limits_{V_c} [\rho_s U^{(e)T} N^{(e)T} N^e U^e - U^{(e)T} B^T D B U^{(e)} - c U^{(e)T} N^{(e)T} N^e U^{(e)} + 2 U^{(e)T} \overline{N}^{(e)T} F_v] dV +$$

$$\iint\limits_{\Gamma_c} U^{(e)T} \overline{N}^{(e)T} F_s d\Gamma$$

根据 Hamilton 变分原理，即在时间区间 $[t_1, t_2]$ 对泛函 L 积分，并使其积分等于零，同时考虑到矩阵 D 的对称性，得结构单元运动方程：

$$M_s^{(e)} \ddot{U}^{(e)} + C_s^{(e)} \dot{U}^{(e)} + K_s^{(e)} U^{(e)} = T_s^{(e)} \tag{2-43}$$

由单元运动方程式进行叠加可得结构整体运动方程：

$$M_s \ddot{U} + C_s \dot{U} + K_s U = T_s \tag{2-44}$$

式中　M_s——结构总体质量矩阵；

　　　C_s——结构总体阻尼矩阵；

　　　K_s——结构总体刚度矩阵；

　　　T_s——结构总体节点所受到的动载荷列向量。

2.3.3　模态分析的有限元方程

模态分析（modal analysis）是进行结构动力学研究的重要内容，用于确定结构的自振特性，即结构的固有频率和振型，自振特性是承受动载荷结构设计中的重要参数，它也可以作为其他更详细的动力学分析的起点，如瞬态动力学分析、

谱分析、谐响应分析。

为了判断设计的结构是否会产生共振，在叶片式流体机械的实际工程中，需要采用模态分析对一些关键零部件进行自振频率和振型计算，而结构无阻尼自由振动频率有限元方程为

$$\left| \boldsymbol{K} - \omega^2 \boldsymbol{M} \right| = 0 \tag{2-45}$$

式中　$\boldsymbol{K}$——刚度矩阵；

　　　ω——振动频率；

　　　$\boldsymbol{M}$——质量矩阵。

求上式，即可得到所分析结构在空气介质中的固有频率和振型。

当结构处于液体介质中，且认为液体与结构的交界面上没有吸声阻尼材料，则流固耦合系统无阻尼自由振动控制方程为

$$\begin{bmatrix} \boldsymbol{M}_s & 0 \\ \boldsymbol{\rho}_f \boldsymbol{R} & \boldsymbol{M}_f \end{bmatrix} \begin{bmatrix} \ddot{\boldsymbol{U}} \\ \ddot{\boldsymbol{P}} \end{bmatrix} + \begin{bmatrix} \boldsymbol{K}_s & -\boldsymbol{R} \\ 0 & \boldsymbol{K}_f \end{bmatrix} \begin{bmatrix} \boldsymbol{U} \\ \boldsymbol{P} \end{bmatrix} = \begin{bmatrix} 0 \end{bmatrix} \tag{2-46}$$

式中　下标 f——流体计算域；

　　　下标 s——固体计算域；

　　　$\boldsymbol{M}_s$——结构质量矩阵；

　　　$\boldsymbol{M}_f$——流体等效质量矩阵；

　　　$\boldsymbol{R}$——等效耦合刚度矩阵；

　　　$\boldsymbol{P}$——作用在结点上的压力向量；

　　　$\boldsymbol{K}_s$——结构刚度矩阵；

　　　$\boldsymbol{K}_f$——流体等效刚度矩阵。

设结构与液体均以频率 ω 做自由振动，即

$$\boldsymbol{P} = \boldsymbol{P}_0 \cos\omega t \tag{2-47}$$

$$\boldsymbol{U} = \boldsymbol{U}_0 \cos\omega t \tag{2-48}$$

将式（2-49）和式（2-50）代入式（2-48），经整理可得到流固耦合系统广义特征值问题的方程：

$$\boldsymbol{A}\boldsymbol{X} = \lambda \boldsymbol{X} \tag{2-49}$$

其中

$$\boldsymbol{A} = \begin{bmatrix} \boldsymbol{K}_s & -\boldsymbol{R}^{\mathrm{T}} \\ 0 & \boldsymbol{K}_f \end{bmatrix} \begin{bmatrix} \boldsymbol{M}_s & 0 \\ \boldsymbol{\rho}_f \boldsymbol{R} & \boldsymbol{M}_f \end{bmatrix}$$

$$\boldsymbol{X} = \begin{bmatrix} \boldsymbol{U} \\ \boldsymbol{P} \end{bmatrix}$$

$$\lambda = \frac{1}{\omega^2}$$

2.4　本章小结

　　本章对多相流的计算方法及流固耦合计算基本理论进行了分析，重点描述了气相两相流数学模型及各自的优缺点，同时由于两相间的作用力对描述气液两相的运动过程有较大的影响，因此详细阐述了相间作用力模型，分析了各种相间作用力的影响因素。

第3章

多相混输泵数值计算方法

3.1 湍流模型

当连续相液相为湍流时，选择合适的湍流模型非常重要。这是因为湍流具有高度的非线性特征，湍流情况下的基本控制方程没有解析解，需要采用数值分析方法进行求解。湍流模型是 CFD 模型的难点，很大程度上决定着数值模拟结果的优劣，需要根据流动的特点、数值计算精度、计算资源和计算时间等因素综合考虑。

湍流模型根据模拟的复杂性分为三类：直接模拟法（direct numerical simulation，DNS），雷诺时均法（reynolds - averaged navier - stokes equations，RANS），大涡模拟法（large eddy simulation，LES）。采用 DNS 直接模拟法求解湍流中所有尺度的涡结构不存在模型封闭问题，其优点是精度高，可以提供流场的全部信息；缺点是由于采用很小的时间和空间步长，计算量极大。目前 DNS 仅限于雷诺数较低的情况，而无法应用于工程数值计算。对于多相流而言，DNS 还需要引入一定的相界面追踪算法。RANS 方法是基于统计理论，只计算湍流的平均速度、平均湍动能等时均信息，但求解过程中需要引入外部的封闭模型对控制方程进行封闭，优点是计算量小，缺点是由于大尺度湍流涡的性质与边界条件密切相关，导致封闭模型缺乏普适性。RANS 模型由于计算量经济，且有一定的合理精度，广泛应用于工程领域。LES 的复杂性介于 DNS 和 RANS 之间，其思想是通过某个过滤函数将大尺度涡和小尺度涡分开，对大尺度涡直接进行数值计算，而对小尺度涡采用一定的模型假设进行封闭。由于 LES 的计算量仍然很大，仅局限于比较简单的剪切流和管状流，还无法在工程上广泛应用。RANS 和 LES 都采用欧拉 - 欧拉平均方法，都不直接对小尺度涡进行模拟。

下面主要介绍 RANS 湍流模型。RANS 湍流模型包括标准 $k - \varepsilon$ 模型及其各种修正格式以及雷诺数应力模型（RSM）等。

3.1.1 标准 $k-\varepsilon$ 模型及其修正

1. 标准 $k-\varepsilon$ 模型

标准的 $k-\varepsilon$ 模型为湍流模型中的两方程模型，由 Launder 和 Spalding（1972）提出。$k-\varepsilon$ 模型的计算量经济且计算精度合理，因而在工程流体模拟中得到广泛的应用。

$$\frac{\partial(\rho k)}{\partial t}+\frac{\partial(\rho k u_i)}{\partial x_i}=\frac{\partial}{\partial x_j}\Big[\Big(\mu+\frac{\mu_t}{\sigma_k}\Big)\frac{\partial k}{\partial x_j}\Big]+G_k+G_b-\rho\varepsilon-Y_M+S_k \tag{3-1}$$

$$\frac{\partial(\rho\varepsilon)}{\partial t}+\frac{\partial(\rho\varepsilon u_i)}{\partial x_i}=\frac{\partial}{\partial x_j}\Big[\Big(\mu+\frac{\mu_t}{\sigma_\varepsilon}\Big)\frac{\partial\varepsilon}{\partial x_j}\Big]+C_{1\varepsilon}\frac{\varepsilon}{k}(G_k+C_{3\varepsilon}G_b)-C_{2\varepsilon}\rho\frac{\varepsilon^2}{k}+S_\varepsilon$$

$$\tag{3-2}$$

式中
ρ——密度（kg/m³）；
σ_k——湍动能 k 对应的 Prandtl 数；
σ_ε——耗散率 ε 对应的 Prandtl 数；
G_k——由于平均速度梯度引起的湍动能 k 的产生项；
G_b——由于浮力引起的湍动能 k 的产生项；
Y_M——可压湍流中脉动扩张的贡献；
S_k 和 S_ε——用户定义的源相；
$C_{1\varepsilon}$、$C_{2\varepsilon}$ 和 $C_{3\varepsilon}$——经验常数；
μ_t——湍流黏度，为

$$\mu_t=C_\mu(\rho k^2/\varepsilon)$$

C_μ 可以取 0.09。

$k-\varepsilon$ 模型一般适用于充分发展的湍流模拟。

对于气液鼓泡流，气泡的运动会造成液相附加的湍动，从而增加液相的湍流动能，对含气率和液速的径向分布产生影响。在多相流研究中，分散相对连续相湍动的影响是一个重要的问题。当含气率很低时，气泡对液相湍动的影响很小，可以忽略。当含气率较高时，气泡对液相湍动产生明显影响，需要进行湍能修正。

2. k_1 和 ε_1 项修正模型

Lopez de Bertodano 等（1994）对气液两相流 $k-\varepsilon$ 湍流模型中湍能修正进行了研究，对比了单时间常数模型（single time constants model）和双时间常数模型（two time constants model）。采用双时间常数模型时，把源项附加到 k 项和 ε 项中。Lopez de Bertodano 等（1994）通过理论分析和 CFD 模拟结果与实验结果对比证明采用双时间常数模型进行液相湍动能修正更为合理。双时间常数模型可以表达为

$$k_t = k_1 + k_g \tag{3-3}$$

$$\varepsilon_t = \varepsilon_1 + \varepsilon_g \tag{3-4}$$

式中 k_t 和 ε_t ——液相总的湍动能和耗散速率；

k_1 和 ε_1 ——标准 $k-\varepsilon$ 模型的计算值；

k_g 和 ε_g ——气泡引起的附加湍动能和耗散速率，可以采用以下公式计算；

$$k_g = \frac{1}{2} \alpha_g C_{VM} v_{slip}^2 \tag{3-5}$$

$$\varepsilon_g = \frac{M_{1,g}}{\rho} v_{slip} = \alpha_g g v_{slip} \tag{3-6}$$

式中 C_{VM} ——附加质量系数，取值为 0.5。

气相采用 Jakobsen（1993）提出的关联式，将气相湍流黏度与液相湍流黏度关联：

$$\mu_{t,g} = \frac{\rho_g}{\rho_1} \mu_{t,1} \tag{3-7}$$

从式（3-7）可以看出，气泡引起的湍动能中只考虑了局部含气率的影响，并未考虑气泡形状和大小的影响。

3. S_k 项和 S_ε 项修正模型

S_k 项为气泡受到阻力时能量损耗转化成的液相湍动能。Lee 等（1989）认为 S_k 项与气泡上升时间成反比，与该时间内气泡排斥液体改变的势能成正比，并提出 S_k 和 S_ε 项的表达式为

$$S_k = C_1 F_D \cdot (v_g - v_1) = \frac{3}{4} C_1 C_D \rho \alpha_g \frac{v_{slip}^3}{d_b} \tag{3-8}$$

$$S_\varepsilon = C_2 \frac{S_k}{\tau} \tag{3-9}$$

表 3-1 S_k 和 S_ε 项修正模型参数

作者	S_k 项	S_ε 项的 τ 变量	C_2
Lee 等（1989），Politano 等（2003）	曳力	k/ε	1.92
Troshko 和 Hassan（2001）	曳力	d_b/v_{slip}	0.45
Rzehak 和 Krepper（2013）	曳力	$d_b/(k)^{\frac{1}{2}}$	1.0

可以看出，除了 Lee 等（1989）的模型外，其他模型在时间尺度 τ 中都考虑了气泡大小对湍动能的修正作用。

根据 Hosokawa 和 Tomiyama（2010）的实验结果，气泡对湍动能修正存在以下三种机理：一是气泡诱导产生湍动能，使湍动能增强；二是气泡可以破碎湍流涡，阻碍剪切引发的湍流涡从壁面到床中心的长大，减少中心处湍动能的耗散；三是气泡相间传递湍流涡能量，改变湍流涡速度分布。

3.1.2　RNG $k-\varepsilon$ 模型

RNG $k-\varepsilon$ 模型由标准 $k-\varepsilon$ 模型经重整化群的数值计算技术（renormalization group，RNG）发展而来。与标准 $k-\varepsilon$ 模型相比，RNG $k-\varepsilon$ 模型在以下方面做出改进。

1）给湍动能耗散速率方程增加了附加项，改进了对快速应变流（rapidly strained flows）的预测能力。

2）包含了旋转对湍流的影响，改进了对旋转流的预测能力。

3）RNG $k-\varepsilon$ 模型包含了普朗特常数的解析式，而标准 $k-\varepsilon$ 模型的普朗特常数是由用户给定的常数。

4）标准 $k-\varepsilon$ 模型适用于高雷诺数区域，RNG $k-\varepsilon$ 模型还适用于低雷诺数区域。RNG $k-\varepsilon$ 模型一般比标准 $k-\varepsilon$ 模型更准确，使用范围也更广，下面是其模型方程。

1. $k-\varepsilon$ 方程

$$\frac{\partial(\rho k)}{\partial t}+\frac{\partial(\rho k u_i)}{\partial x_i}=\frac{\partial}{\partial x_j}\Big[\alpha_k\mu_{\text{eff}}\frac{\partial k}{\partial x_j}\Big]+G_k+\rho\varepsilon \tag{3-10}$$

$$\frac{\partial(\rho\varepsilon)}{\partial t}+\frac{\partial(\rho\varepsilon u_i)}{\partial x_i}=\frac{\partial}{\partial x_j}\Big[\alpha_\varepsilon\mu_{\text{eff}}\frac{\partial\varepsilon}{\partial x_j}\Big]+\frac{C_{1\varepsilon}^*\varepsilon}{k}G_k-C_{2\varepsilon}\rho\frac{\varepsilon^2}{k} \tag{3-11}$$

$$C_{1\varepsilon}^*=C_{1\varepsilon}-\frac{\eta(1-\eta/\eta_0)}{1+\beta\eta^3} \tag{3-12}$$

其中

$$\mu_{\text{eff}}=\mu+\mu_t$$

$$\mu_t=\rho C_\mu\frac{k^2}{\varepsilon}$$

$$C_\mu=0.0845$$

$$\eta=(2E_{ij}\cdot E_{ij})^{\frac{1}{2}}\frac{k}{\varepsilon}$$

$$E_{ij}=\frac{1}{2}\Big(\frac{\partial u_i}{\partial x_j}+\frac{\partial u_j}{\partial x_x}\Big)$$

式中，$\alpha_k=\alpha_\varepsilon=1.39$；$C_{2\varepsilon}=1.68$；$C_{1\varepsilon}=1.42$；$\eta_0=4.377$；$\beta=0.012$。

2. 湍流黏度

$$\mathrm{d}\Big(\frac{\rho_1^2 k_1}{\sqrt{\varepsilon_1\mu}}\Big)=1.72\frac{\hat{\nu}}{\sqrt{\hat{\nu}^3-1+C_v}}\mathrm{d}\hat{\nu} \tag{3-13}$$

其中

$$\hat{\nu}=\frac{\mu_{\text{eff}}}{\mu}$$

$$C_v\approx100$$

3.1.3 Realizable k – ε 模型

Realizable k – ε 模型也是标准 k – ε 模型的一个改进模型。与标准 k – ε 模型相比，Realizable k – ε 模型在以下两个方面进行了改进：

1）Realizable k – ε 模型采用了一个新形式的湍流黏度计算公式。

2）采用一个由描述旋涡湍动能的控制方程发展而来的湍动能耗散速率方程。

相对于标准的 k – ε 模型和 RNG k – ε 模型，Realizable k – ε 模型更接近于物理实际，因此也有更好的预测能力。以下是 Realizable k – ε 模型的表达式。

$$\frac{\partial(\rho k)}{\partial t} + \frac{\partial(\rho k u_i)}{\partial x_i} = \frac{\partial}{\partial x_j}\left[\left(\mu + \frac{\mu_t}{\sigma_k}\right)\frac{\partial k}{\partial x_j}\right] + G_k - \rho\varepsilon \tag{3-14}$$

$$\frac{\partial(\rho\varepsilon)}{\partial t} + \frac{\partial(\rho\varepsilon u_i)}{\partial x_i} = \frac{\partial}{\partial x_j}\left[\left(\mu + \frac{\mu_t}{\sigma_\varepsilon}\right)\frac{\partial\varepsilon}{\partial x_j}\right] + \rho C_1 E\varepsilon - \rho C_2\frac{\varepsilon^2}{k + \sqrt{\nu\varepsilon}} \tag{3-15}$$

$$\mu_t = \rho C_\mu \frac{k^2}{\varepsilon} \tag{3-16}$$

其中

$$C_1 = \max\left(0.43, \frac{\eta}{\eta + 5}\right)$$

$$C_\mu = 1 \Big/ \left(A_0 + A_s\frac{kU^*}{\varepsilon}\right)$$

$$\eta = \left(2E_{ij} \cdot E_{ij}\right)^{\frac{1}{2}}\frac{k}{\varepsilon}$$

$$E_{ij} = \frac{1}{2}\left(\frac{\partial u_i}{\partial x_j} + \frac{\partial u_j}{\partial x_x}\right)$$

其中

$$A_s = \sqrt{6}\cos\phi$$

$$\phi = \frac{1}{3}\cos^{-1}\left(\sqrt{6}W\right)$$

$$W = \frac{E_{ij}E_{jk}E_{kj}}{\left(E_{ij}E_{ij}\right)^{\frac{1}{2}}}$$

$$U^* = \sqrt{E_{ij}E_{ij} + \widetilde{\Omega}_{ij}\widetilde{\Omega}_{ij}}$$

$$\widetilde{\Omega}_{ij} = \Omega_{ij} - 2\varepsilon_{ijk}\omega_k$$

$$\overline{\Omega}_{ij} = \overline{\Omega}_{ij} - \varepsilon_{ijk}\omega_k$$

式中，$\sigma_k = 1.0$，$\sigma_\varepsilon = 1.2$，$C_2 = 1.9$；$A_0 = 4.0$；$\overline{\Omega}_{ij}$是从角速度为 ω_k 的参考系中观察到的时均转动速率张量，显然对无旋转的流场，U^* 计算式根号中的第二项为零，这一项是专门用以表示旋转的影响的，也是本模型的特点之一。

3.1.4 标准 $k-\omega$ 模型

考虑了低雷诺数、可压和剪切流的影响。忽略了 $k-\varepsilon$ 方程中多变的非线性衰减规律，计算精度得到提升。$k-\omega$ 模型表达式如下：

$$\frac{\partial(\rho k)}{\partial t} + \frac{\partial(\rho v_i k)}{\partial x_i} = \frac{\partial}{\partial x_j}\Big[\Big(\mu + \frac{\mu_i}{\sigma_k}\Big)\frac{\partial k}{\partial x_j}\Big] + G_k - \beta\rho k\omega \tag{3-17}$$

$$\frac{\partial(\rho\omega)}{\partial t} + \frac{\partial(\rho v_i\omega)}{\partial x_i} = \frac{\partial}{\partial x_j}\Big[\Big(\mu + \frac{\mu_i}{\sigma_\omega}\Big)\frac{\partial\omega}{\partial x_j}\Big] + \alpha\,\frac{\omega}{k}G_k - \beta\rho\omega^2 \tag{3-18}$$

标准 $k-\omega$ 模型主要优点是能准确对低 Re 流动的近壁区进行处理，进而更精确地预测湍流尺度。但对于进口的湍流脉动频率较为敏感。

3.1.5 SST $k-\omega$ 模型

为了将 $k-\varepsilon$ 模型应用在更广的领域中，在近壁区可使用 $k-\omega$ 模型，SST $k-\omega$ 模型集中了 $k-\varepsilon$ 模型和 $k-\omega$ 模型的优点，并对 $k-\omega$ 模型的湍流方程中的湍流产生项进行修正，考虑了湍流剪切应力的传输。

SST $k-\omega$ 模型表达式如下：

$$\rho\,\frac{\partial k}{\partial t} + \frac{\partial(\rho v_i k)}{\partial x_i} = \frac{\partial}{\partial x_j}\Big[\Big(v + \frac{v_i}{\sigma_k}\Big)\frac{\partial k}{\partial x_j}\Big] + G_k - \beta\rho k\omega \tag{3-19}$$

$$\frac{\partial}{\partial t}(\rho\omega) + \frac{\partial}{\partial x_j}(\rho v_j\omega) = \frac{\partial}{\partial x_j}\Big[\Big(\mu + \frac{\mu_t}{\sigma_\omega}\Big)\frac{\partial\omega}{\partial x_j}\Big] + G_\omega - \rho\beta\omega^2 + D_\omega \tag{3-20}$$

为了使用 SST $k-\omega$ 模型解决一些流动问题中出现局部区域过度湍流的现象，在湍流耗散率 ω 方程中增加了新的耗散源项。

$$\frac{2\rho(1-F_1)}{\omega\sigma_{\omega2}}\Big(\frac{\partial k\partial\omega}{\partial x\partial x} + \frac{\partial k\partial\omega}{\partial y\partial y} + \frac{\partial k\partial\omega}{\partial z\partial z}\Big)$$

式中 F_1 ——与壁面的距离。

SST $k-\omega$ 模型具有 $k-\varepsilon$ 和 $k-\omega$ 的优点，既考虑了湍流剪切应力，而且还不会对涡黏系数造成极度的预测，诸改进使其具有更加广泛的应用，但仍无法准确地预测平滑壁面冲击和流动分离现象。

3.1.6 RSM 模型

雷诺应力模型（Reynolds stress model，RSM）不采用涡体黏度各向同性的假设，而是通过计算雷诺应力封闭 N-S 方程。与 $k-\varepsilon$ 模型相比，RSM 模型在二维模拟时需要额外计算 5 个方程，而在三维模拟时需要额外计算 7 个方程，其优点在于可以更准确地预测复杂流动。但是 RSM 模型的准确模拟仍依赖于对压力应变（pressure strain）和湍动能耗散率的准确封闭。RSM 模型的控制方程为

$$\frac{\partial}{\partial x_k}(\rho_1 \alpha_1 v_k \overline{v_i' v_j'}) = \alpha_1 (D_{\mathrm{T},ij} + D_{\mathrm{L},ij} + P_{ij} + G_{ij} + \phi_{ij} + \varepsilon_{ij} + F_{ij} + S)$$

$$(3\text{-}21)$$

式中　D_{T}——湍流扩散项；

D_{L}——分子扩散项；

P——应力源项；

G——浮力源项；

ϕ——压力张力项；

ε——湍动能耗散项；

F——旋转源项；

S——用户源项，且表达式分别如下：

$$D_{\mathrm{T},ij} = -\frac{\partial}{\partial x_k}\left[\rho_1 \overline{v_i' v_j' v_k'} + \overline{p(\delta_{kj} v_i' + \delta_{ik} v_j')}\right];$$

$$D_{\mathrm{L},ij} = \frac{\partial}{\partial x_k}\left[\mu \frac{\partial}{\partial x_k}(\overline{v_i' v_j'})\right];$$

$$P_{ij} = -\rho_1\left(\overline{v_i' v_k'}\frac{\partial v_j}{\partial x_k} + \overline{v_j' v_k'}\frac{\partial v_i}{\partial x_k}\right);$$

$$G_{ij} = -\rho_1 \beta(g_i \overline{v_j'\theta} + g_j \overline{v_i'\theta});$$

$$\phi_{ij} = \overline{p\left(\frac{\partial v_i'}{\partial x_k} + \frac{\partial v_j'}{\partial x_k}\right)};$$

$$\varepsilon_{ij} = -2\mu \overline{\left(\frac{\partial v_i'}{\partial x_k}\frac{\partial v_j'}{\partial x_k}\right)};$$

$$F_{ij} = -2\rho_1 \Omega_k(\overline{v_j' v_m' \varepsilon_{ikm}} + \overline{v_i' v_m' \varepsilon_{jkm}})\,。$$

3.1.7　LES 模型

不同于 RANS 湍流模型，LES 对大尺度湍流涡的动量方程和能量方程直接进行数值求解，并建立小尺度湍流涡对大尺度湍流涡影响的数学模型，也称为亚格子模型（subgrid – scale model）。这是因为小尺度湍流涡更加均匀和各向同性，受到边界条件的影响更小，与 RANS 相比，LES 的模型更加简单，对于不同的流动，需要调整的幅度较小。

LES 模拟的第一步是建立过滤器函数，过滤掉小尺度湍流涡；第二步是建立大尺度湍流涡的基本控制方程；第三步是建立亚格子模型对方程进行封闭。

常见的过滤函数有三种：一是傅里叶谱截断过滤器；二是高斯过滤器；三是盒式过滤器。

傅里叶谱截断过滤器在波空间的表达式为

$$G(k) = \int_D G(x') e^{-ikx'} dx' = \begin{cases} 1 & k \leqslant \dfrac{\pi}{\overline{\Delta}} \\ 0 & k > \dfrac{\pi}{\overline{\Delta}} \end{cases} \tag{3-22}$$

高斯过滤器为

$$G(x) = \sqrt{\frac{6}{\pi \overline{\Delta^2}} \exp\left(-\frac{6x^2}{\overline{\Delta^2}}\right)} \tag{3-23}$$

盒式过滤器在实际空间的表达式为

$$G(x) = \begin{cases} \dfrac{1}{\overline{\Delta}} & |x| \leqslant \dfrac{\overline{\Delta}}{2} \\ 0 & |x| > \dfrac{\overline{\Delta}}{2} \end{cases} \tag{3-24}$$

采用高斯过滤器后得到的控制方程表达式为

$$\frac{\partial v_i}{\partial x_i} = 0 \tag{3-25}$$

$$\frac{\partial v_i}{\partial t} + \frac{\partial}{\partial x_j}(v_i v_j) = -\frac{1}{\rho}\frac{\partial \overline{p}}{\partial x_i} - \frac{\partial \tau_{ij}}{\partial x_j} + \nu \frac{\partial^2 v_i}{\partial x_i \partial x_j} \tag{3-26}$$

式中　　τ_{ij}——亚格子应力，为 $\tau_{ij} = \overline{v_i v_j} - v_i v_j$，$\tau_{ij}$ 需要通过亚格子模型进行计算。

3.2　空化模型

空化现象是一种特殊的多相流动现象，由于涉及相间质量传输和相间复杂作用，因此很难从理论上去解析这种现象。随着国内外学者对空化现象的不断深入研究和探讨，人们对空化现象的理解逐渐加深。伴随着计算机技术的飞速发展，一些学者基于空化现象的本质和假设，提出了许多空化模型，从而提供了对空化现象强有力的研究工具。CFD 作为对流体流动模拟的常用工具，内置了较为普遍常用的几种空化模型，例如 Singhal 空化模型、Zwart - Gerber - Belamri 模型和 Schnerr - Sauer 空化模型。

3.2.1　Singhal 空化模型

由 Singhal 等人提出的 Singhal 空化模型是基于全空化模型发展而来的。Singhal 空化模型具有模拟 N 相流动的能力，并且考虑了液相和汽相之间的速度滑移、热效应以及汽相和液体的可压缩性。该空化模型和 Mixture 模型在不考虑速度滑移的情况下有较好的耦合效果。Singhal 空化模型的相间传输速率如下：

当 $P \leqslant P_v$ 时，有

$$R_e = F_{vap} \frac{\max(1.0, \sqrt{k})(1 - f_v - f_g)}{\sigma} \rho_l \rho_v \sqrt{\frac{2(P_v - P)}{3\rho_l}} \quad (3-27)$$

当 $P > P_v$ 时，有

$$R_c = F_{cond} \frac{\max(1.0, \sqrt{k}) f_v}{\sigma} \rho_l \rho_v \sqrt{\frac{2(P - P_v)}{3\rho_l}} \quad (3-28)$$

饱和蒸汽压力通过估算当地的压力波动进行修正，具体公式为

$$P_v = P_{sat} + \frac{1}{2}(0.39\rho k) \quad (3-29)$$

式中　　R_e——液体汽化速率；

　　　　R_c——汽凝结速率；

　　　　k——湍动能；

　　　　f_v——汽相质量分数；

　　　　f_g——气相质量分数；

　　　　ρ_l——液相密度；

　　　　ρ_v——汽相密度；

　　　　P_v——饱和蒸汽压力；

　　　　P——介质压力；

　　　　ρ——介质密度；

F_{vap} 和 F_{cond}——常数项，分别为 0.02 和 0.01。

该模型假设汽 – 液混合流是可压缩流动，同时也考虑了非凝结汽体的作用。

3.2.2　Zwart – Gerber – Belamri 空化模型

由于非凝结汽体以及由湍流引起的压力脉动对空化的演变影响较大，Zwart – Gerber – Belamri 模型同时考虑了这两种因素对空化演变的影响。Zwart – Gerber – Belamri 空化模型假设气泡的尺寸相同，通过气泡数的密度来计算单元体中总的相间质量传输速率，该模型的相间传输速率如下：

当 $P \leqslant P_v$ 时，有

$$R_e = F_{vap} \frac{3\alpha_{nuc}(1 - \alpha_v)\rho_v}{R_B} \sqrt{\frac{2(P_v - P)}{3\rho_l}} \quad (3-30)$$

当 $P > P_v$ 时，有

$$R_c = F_{cond} \frac{3\alpha_v \rho_v}{R_B} \sqrt{\frac{2(P - P_v)}{3\rho_l}} \quad (3-31)$$

式中　α_{nuc}——汽核位置的体积分数，为 5×10^{-4}；

$\quad\quad R_{\text{B}}$——气泡半径，为 10^{-6}m；

F_{vap} 和 F_{cond}——汽体蒸发和凝结系数，分别为 50 和 0.01。

3.2.3　Schnerr – Sauer 空化模型

Schnerr – Sauer 空化模型忽略了气泡间的相互作用和不凝结气体的影响，且没有考虑由湍流脉动对空化的作用，和 Zwart – Gerber – Belamri 空化模型不同的是，Schnerr – Sauer 空化模型的质量传输率与 $\alpha_{\text{v}}(1-\alpha_{\text{v}})$ 成正比，具体的相间传输速率的控制方程如下：

当 $P \leqslant P_{\text{v}}$ 时，有

$$R_{\text{e}} = \frac{\rho_1 \rho_{\text{v}}}{\rho} \alpha_{\text{v}}(1-\alpha_{\text{v}}) \frac{3}{R_{\text{B}}} \sqrt{\frac{2(P_{\text{v}} - P)}{3\rho_1}} \tag{3-32}$$

当 $P > P_{\text{v}}$ 时，有

$$R_{\text{c}} = \frac{\rho_1 \rho_{\text{v}}}{\rho} \alpha_{\text{v}}(1-\alpha_{\text{v}}) \sqrt{\frac{2(P - P_{\text{v}})}{3\rho_1}} \tag{3-33}$$

通过对以上三种空化模型的了解以及适用性的研究，Singhal 空化模型的模拟结果与实验数据的偏差较大且对空泡的分布范围过度预测，而 Schnerr – Sauer 空化模型对空化流动的演变周期的预测值远小于实验值，且不能准确地预测出空化的演变和发展，Zwart – Gerber – Belamri 空化模型能较为准确地模拟出空化现象的准周期性和演变过程，因此本书后续将采用 Zwart – Gerber – Belamri 空化模型来计算多相混输泵内的空化流动。

3.3　多相混输泵建模及网格划分

3.3.1　过流部件几何建模

轴流螺旋式多相混输泵的主要过流部件包括螺旋形吸入室、叶轮、导叶以及压出室。

将设计完成的叶轮叶片（具体设计过程见第 4 章）进行阵列即可得到动、导叶的实体模型，如图 3-1 所示；建立过流区域时，使用与叶轮外径和轮毂相符合的圆柱体进行旋转切割材料，得到动、导叶三维水力模型，如图 3-2 所示；最后合并实体化即形成了完整的动、导叶。

在吸入室的建模中，由于吸入室为首级叶轮提供入流条件，对于多相混输泵，其不仅仅要求进口流态均匀，而且入流过程中还要尽量避免相态发生分离，因此选用半螺旋形结构。而在压出室的设计中需要考虑压出室主要将叶轮流出的

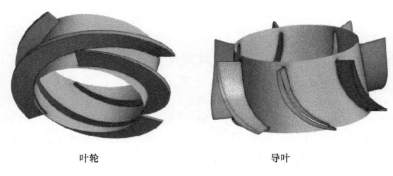

叶轮 　　　　　　　　　　　导叶

图 3-1　动、导叶实体模型

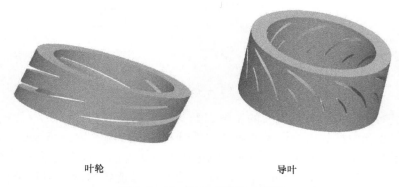

叶轮 　　　　　　　　　　　导叶

图 3-2　动、导叶三维水力模型

多相介质的动能转化为压力能，并减小气液相间的速度滑移，减少内部的水力损失。

　　根据增压单元的尺寸结构，在建模软件中将二维图形转换为三维。两者建模步骤相似，本节以吸入室为例。

　　1）建立吸入室 8 个截面曲面特征。

　　2）绘制入口部分。

　　3）绘制以上两部分的连接体。

　　4）绘制吸入室的隔舌部位。

　　5）处理入口部分的末端到隔舌段的过渡。

　　至此，吸入室的主要部分的建模就已完成。接下来的工作，就要对此模型进行修饰。用边界混合命令把各个部分连接起来。在过渡的地方增加圆角、使曲面与曲面之间光滑过渡，同时合并曲面。图 3-3 为设计完成的半螺旋形吸入室流道。压出室流道的设计方法与吸入室设计方法类似，可借鉴吸入室的设计方法进行设计。图 3-4 为设计完成的压出室流道。最后通过增压单元间的拼接，获得螺旋轴流式多相混输泵的全流道三维水力模型，如图3-5所示。

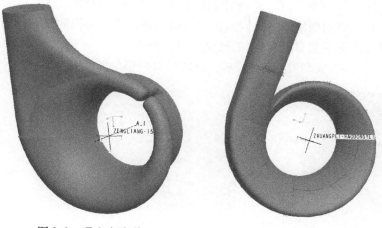

图3-3　吸入室流道　　　　　　　　图3-4　压出室流道

图3-5　螺旋轴流式多相混输泵的全流道三维水力模型

3.3.2　过流部件网格划分

采用 CFD 方法对多相混输泵内气液流动状态进行模拟，实质就是求解气液两相所对应的控制方程，而要求解方程，首先就要对其在空间区域进行离散，这就必须使用网格。目前网格主要分为两种——结构网格和非结构网格。结构化网格生成速度快，生成质量好，并且节点排列有序，邻点间关系明确，与此同时非结构网格则对几何模型的适应性好，可对复杂区域进行划分，但网格单元和节点数没有固定的变化规律。由于多相混输泵存在叶顶间隙流动，故需要对间隙及近壁区流态进行精准捕捉，其网格质量和分布对于模拟结果有着至关重要的作用，因此对于整个计算域均采用六面体结构网格化进行划分。在网格划分过程中，不仅对叶轮网格进行加密，而且对叶片周围采用 O 形拓扑环绕，进而控制近壁区边界层分布和其周围网格质量，同时为了准确描述叶顶泄漏涡的流场结构，对间隙区沿径向方向至少布 20 层以上的网格，并且将近壁区 $y+$ 值控制在 140 以内，符合 SST $k-\omega$ 湍流模型对 $y+$ 的要求，最终计算网格如图 3-6 所示。

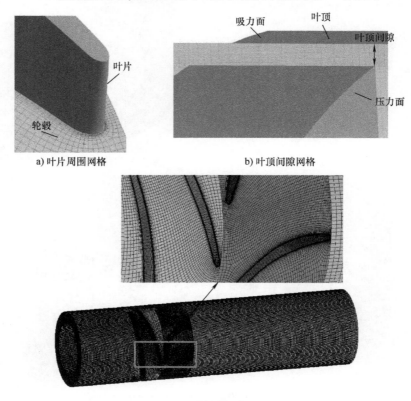

a) 叶片周围网格　　　　　　　　b) 叶顶间隙网格

c) 增压单元网格

图 3-6　流体域计算网格

网格密度对混输泵内流态及叶顶泄漏涡的模拟影响较大，具体表现为若网格数太少，就不能准确全面地反映流场结构，而网格数过多，则会浪费计算资源和增加计算成本。因此，为了消除网格数对计算结果的影响，以混输泵扬程和效率为指标，来对网格无关性进行验证，进而有效地优化了网格配置，同时提高了计算效率，具体计算结果见表 3-2。

表 3-2 网格无关性验证

参数	网格 1	网格 2	网格 3	网格 4	网格 5
网格数	2490070	2921104	3251592	3676610	4726647
扬程	6.628	6.771	6.747	6.750	6.831
效率	35.88%	37.09%	37.14%	37.22%	37.83%
扬程/扬程 1	1	1.0215	1.0179	1.0183	1.0306
效率/效率 1	1	1.0337	1.0349	1.0373	1.0542

由表 3-2 可知，在网格数超过 367 万以后，随着网格数的继续增加，混输泵扬程和效率变化很小，此时网格数变化对模拟结果的影响就可以忽略，因此本算例最终数值计算所采用的网格数大约在 367 万左右。

在对混输泵内及叶顶区压力脉动特性的研究中，时间步长在清晰辨识泵内非定常信息方面也起着至关重要的作用，因此需要对非定常计算中的时间步长进行合理取值。下面分别取叶轮转过 1°、2° 和 3° 的时间，即 5.56×10^{-5} s、1.11×10^{-4} s 和 1.67×10^{-4} s 用来对时间步长进行验证，进而保证了所采记录非定常数据的准确性和可靠性。图 3-7 是叶轮出口（IPS3）和导叶进口（DPS1）附近 0.9 倍叶高压力面监测点在不同时间步长下的时域图。由图 3-7 可知，不同时间步长下各监测点的压力几乎重合，因此时间步长对结果的影响可以忽略，最终选择时间步长为 1.11×10^{-4} s。

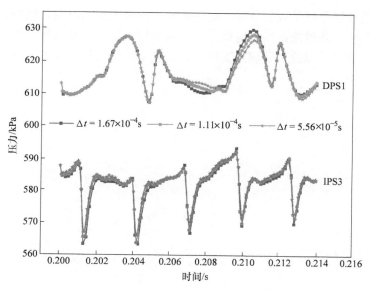

图 3-7 时间步长无关性验证

3.4　边界条件及求解设置

基于有限体积法（Finite Volume Method）和 RANS 方程，本书采用目前叶轮机械领域应用较为广泛的 ANSYS CFX 仿真软件在不同工况下对泵内三维流态进行模拟，同时对泵内压力脉动特性进行综合分析，具体设置如下：单相介质设置为纯水（Water），而气液两相介质分别设置为纯水和空气（Air at 25℃），并且相态也依次设置为连续相和离散相。另外泵进口和出口边界条件分别设置为速度进口和静压出口，进口速度依据计算流量进行换算，并在进口设置气体体积分数。在定常计算过程中，动静交接面之间采用"Frozen Rotor"，而在非定常计算中，为了加速收敛并节约计算时间，以定常计算结果作为非定常的初始值进行计算，同时动静交接面之间采用"Transient Rotor Stator"。此外整个计算过程中速度和压力之间的耦合采用收敛性强、收敛速度快的 SIMPLE 算法，固体壁面采用无滑移壁面，壁面函数采用"Automatic"，残差标准设置为 10^{-5}。计算是否收敛，除了观察残差曲线是否达到设置值外，当定常计算进出口压差或非定常计算压力在一个周期内变化趋于稳定时，即可认为收敛。

3.5　本章小结

本章系统地介绍了数值计算方法中的各类湍流模型以及空化模型，并详细介绍了多相混输泵各过流部件的建模过程、网格划分方法以及求解设置方法等，为本书后续内容的开展提供了理论支撑，并保证了数值计算结果的可靠性。

第4章

基于BladeGen多相混输泵增压单元水力设计

多相混输泵的设计不同于普通清水泵，又与压缩机的设计有所区别，目前仍处于探索阶段。因此，应将已有的叶轮机械的设计理论同两相流动理论相结合，克服现有多相流计算模型及泵性能预测模型的不足，发展一种适用于多相混输泵的更完善的设计方法。在多相混输泵的设计过程中，关键是要提高其所输送介质的气液混合比，本书主要介绍一种基于 BladeGen 软件的多相混输泵增压单元水力设计方法，该方法可供研究和设计时参考。

4.1 叶轮选型计算

1. 叶轮直径 D

多相混输泵叶轮直径可以以进口体积总流量为依据，参考普通轴流泵的设计方法来确定，而轴流泵的直径按合适的轴向速度确定，为了得到最优的叶片安装角，叶轮进口前的轴向速度 V_{0z} 采用 C. C. 鲁德涅夫推荐的公式确定：

$$V_{0z} = (0.06 \sim 0.08) \sqrt[3]{n^2 Q_1} \tag{4-1}$$

式中　n——泵的转速（r/min）；

　　　Q_1——泵进口体积总流量（m^3/s）。

泵进口处轴向速度 V_{1z}，在不考虑叶片对流体的排挤作用的影响下，可由下式计算：

$$V_{1z} = \frac{4Q_1}{\pi D^2 (1 - \bar{d}^2)} \tag{4-2}$$

式中　$\bar{d}$——进口轮毂比。

取 $V_{0z} = V_{1z}$，则有

$$D = (4.0 \sim 4.6) \sqrt{\frac{1}{1 - \bar{d}^2}} \sqrt[3]{\frac{Q_1}{n}} \tag{4-3}$$

进口轮毂比 $\bar{d}$ 确定后，根据给定的参数，就可求得叶轮直径。

考虑到多相混输泵叶片的安装角 β 较小，叶轮的断面收缩系数 ϕ 较小，叶片

对流体的排挤影响不能忽略，所以在确定了安装角 β 与叶片厚度 δ 后，应重新调整 D。

2. 进口轮毂比

轮毂比 $\bar{d}$ 与泵的比转速有关，比转速越高，轮毂比越小，普通轴流泵轮毂比 $\bar{d}$ 一般取 $0.4 \sim 0.6$。减小轮毂比，可减小泵水力摩擦损失，增加过流面积，但过分减小轮毂比会使得叶轮叶片发生扭曲，造成叶轮内流动紊乱，并在进出口处形成二次回流，降低泵效率，减小高效区，同时也会受到结构强度方面的限制，因此在进行多相混输泵叶轮设计时常采用较大的轮毂比，轮毂比取值范围初步定为 $0.7 \sim 0.88$。

3. 扬程系数 ψ_i 及进口流量系数 ϕ_i

扬程系数是决定叶轮尺寸的重要参数，用来表征叶轮增压能力的大小，扬程系数高，叶轮增压能力强，但也容易导致气液分离，反而使叶片的增压能力降低，甚至失去增压能力。

扬程系数定义为

$$\psi_i = \frac{gH_i}{u_t^2} \tag{4-4}$$

其中

$$u_t = \frac{\pi D n}{60}$$

式中　g——重力加速度；

H_i——理论扬程（m）。

进口流量系数 ϕ_i 的定义为

$$\phi_i = \frac{V_{1z}}{u_t} \tag{4-5}$$

4. 叶轮的轴向长度 e 与轮缘长径比 S

轮缘长径比与轴向长度的关系为

$$S = \frac{e}{D} \tag{4-6}$$

叶轮轮缘长径比与泵的效率和多相输送性能密切相关，在保持泵的扬程不变的情况下，如果减小轮缘长径比 S，则叶轮的轴向长度 e 减小，叶轮内的流道变短，叶栅稠密度减小，水力损失减小，效率提高；同时，由于流道变短，叶片的扭曲程度增加，曲率半径 R_c 减小，则会导致在圆柱流面上垂直于相对流动速度的 n 方向的速度梯度增大，相态分离加重，因此轮缘长径比的选取应使损失最小和多相输送性能最好，轮缘长径比 S 的取值一般在 $0.25 \sim 0.4$ 范围内。

5. 叶片数

当叶轮的叶片数较多时：①断面收缩系数减小，所以泵的流量减小；②叶轮的出口环面损失降低，所以叶轮增压能力提高；③叶轮叶片的总面积增大，摩擦面积增大，效率会有所降低；④泵内的湍流强度增加，湍动能增加，此时气泡容易破碎，所以泵的多相输送性能提高。

考虑到多相混输泵叶片的安装角 β 较小，叶轮的断面收缩系数较小，叶片对流体的排挤影响大，所以，为了使泵有足够的通流面积，保证拥有足够的流量，多相混输泵叶轮的叶片数不宜过多，一般取 3 ~ 4 片。

6. 轮毂半锥角 γ 与轮毂出口直径 D_2

在螺旋轴流式多相混输泵的设计中，采用锥形轮毂，主要考虑以下几点：

1）增加进口通流面积，可以在一定程度上减少叶片扭曲和出口处的二次流损失。

2）当轮缘外径一定时，整个通道为渐缩形，可以避免由于气体压缩引起的轴向速度降低。

3）随着 γ 的增大，多相混输泵的扬程增大；同时，叶轮出口截面积 A_2 减小，泵内流体的相对速度增大，气液在相对流动 s 方向上的相态分离增大。由此可见，半锥角 γ 对混输泵的扬程和相态分离都有很大影响。

在确定轮毂半锥角以后，可根据下式确定轮毂出口直径 D_2：

$$\gamma = \arctan \frac{D_2 - D_1}{2e} \tag{4-7}$$

式中　D_2——叶轮出口轮毂直径（m）；

　　　D_1——进口轮毂直径（m）；

　　　e——叶轮的轴向长度（m）。

7. 叶片厚度 δ 和叶片倾斜角 θ

叶片厚度决定叶片的断面收缩系数，改变泵的流通截面积，从而影响泵的流量和扬程。所以在设计多相混输泵时，叶片厚度越薄越好，但应满足强度要求。

普通轴流泵轮毂处的叶片厚度按强度条件确定，可以用下式粗略计算：

$$\delta_{max} = (0.012 \sim 0.015)kD \sqrt{1.5H} \tag{4-8}$$

上式中，k 为材料系数，对于不锈钢，$k = 1$；对于其他材料，则有

$$k = \sqrt[3]{\frac{[\sigma_1]}{[\sigma_2]}} \tag{4-9}$$

式中　H——实际扬程（m）；

　　　$[\sigma_1]$——不锈钢许用应力；

　　　$[\sigma_2]$——所用材料的许用应力。

但由于本计算方法是按照普通轴流泵叶片厚度的确定方法进行确定的，在后续设计多相混输泵时可根据实际运行工况参考经验进行适当调整。在轮毂处叶片厚度确定以后，根据叶片倾斜角 θ 确定叶片其他半径处的厚度，叶片厚度沿叶高

方向按直线规律变化，从轮毂到轮缘厚度逐渐减小。考虑到叶轮旋转时，液相向轮缘处聚集，故叶轮叶片倾斜角 θ 一般不小于 $6°$。

8. 叶片进口安装角 β_1 和进口冲角 $\Delta\beta_1$

在设计多相混输泵叶轮叶片时，为减少能量损失，保证无冲击流入，则进口的相对速度重合于叶片进口边的切线方向，即叶片进口液流角 β_1' 等于叶片进口安装角 β_1。但在多相混输泵结构参数的实际设计过程中，叶片的进口安装角 β_1 还与进口冲角 $\Delta\beta_1$ 有关。进口冲角直接影响叶片的载荷分布，影响叶片的升力系数。冲角大时，叶片的升力系数增大，泵的扬程增大；最低压力点部位前移，吸入性能变坏，冲击损失也增加；同时，泵的压力面与吸力面间的压力梯度增大，造成圆柱流面上垂直于相对流动速度的 n 方向的气液分离增大，影响了泵的混输能力。所以，在多相混输泵的设计中，在保证增压的前提下，取较小的冲角可以改善泵的多相输送性能。

在设计时，首先确定轮缘的进口安装角，然后根据普通轴流泵的设计原则确定其他直径处叶片的进口安装角。为了保证泵有足够的混输能力，进口冲角 $\Delta\beta_1$ 一般取 $3° \sim 10°$，叶片进口安装角一般取 $4° \sim 10°$，也不宜过大，且其大小与进口冲角有关。

9. 叶片出口安装角 β_2 与修正角 $\Delta\beta_2$

叶片出口安装角与泵的扬程有很大关系，从理论上讲，出口安装角越大，泵的扬程越大。但在多相混输泵设计时，出口安装角不宜过大。当叶轮出口安装角过大时，不仅导致导叶的进口安装角过小，而且叶轮叶片扭曲程度增大，曲率半径减小，此时圆柱流面上垂直于相对流动速度的 n 方向气液分离将会增大，容易造成流动分离；反之，出口安装角过小，泵的扬程减小，流动损失将会增加。

在设计时，首先确定轮缘的出口安装角，然后根据普通轴流泵的设计原则确定其他直径处叶片的出口安装角。为了保证泵有足够的混输能力，出口修正角 $\Delta\beta_2$ 一般取 $1° \sim 3°$，不宜过大，但应保证泵有足够的增压能力。

10. 轮缘叶栅的稠密度 σ

混输泵增压过程中，适当增加叶栅稠密度可以保证沿叶型压力平稳增加，减缓气液两相沿流动方向的相态分离，但也不宜过大，否则会增加轴向长度和流动损失，制造也比较困难。

叶栅稠密度与叶片数、叶片间距之间的关系如下：

$$\sigma = \frac{l}{t} \tag{4-10}$$

$$l = \frac{e}{\sin\beta} \tag{4-11}$$

$$t = \pi\frac{D}{z} \tag{4-12}$$

式中　l ——叶型弦长（m）；

$\quad\quad t$ ——叶片间距（m）；

$\quad\quad e$ ——叶轮轴向长度（m）；

$\quad\quad \beta$ ——叶片叶型的安装角（°）；

$\quad\quad D$ ——叶轮外径（m）；

$\quad\quad z$ ——叶片数。

在多相混输泵设计中，应适当减小轮缘侧的 σ，增加轮毂侧的 σ_h，以减小内外侧叶型的长度差，均衡叶片出口扬程。一般取 $\sigma_h = (1.3 \sim 1.4)\sigma$，并且轮毂与轮缘之间各截面的 σ 按直径规律变化。

11. 叶轮与导叶间的轴向间距 Δl 和叶顶间隙 Δt

多相混输泵的增压单元由叶轮和导叶的两个叶栅串联而成，叶轮叶片出口边的后面存在着尾流，于是导叶的进口边周期性地处于尾流范围之内。在不同的叶片相继经过导叶期间液流速度的大小和方向都在变化。导叶前的这种周期性变化造成局部速度与压力都发生变化，并沿导叶叶片传播。因此两个叶栅的相互作用要求给出一定的轴向距离，以便均衡叶轮叶栅后的流场。

相关实验表明：叶轮与导叶之间的最佳距离应为 $(0.01 \sim 0.15)l$，其中 l 为叶轮叶片沿中间流线的弦长，且轴向距离 Δl 不宜过大，间距过大将导致两叶栅间的能量损失增大。减小叶轮和导轮间的轴向距离，可提高单级增压单元的扬程和效率，但容易产生振动，所以这个间距不宜小于 $0.01l$，因此叶轮、导叶之间的最佳距离为

$$\Delta l = (0.01 \sim 0.15)l$$

叶顶间隙 Δt 是叶轮叶片和泵体内壁的径向间隙，根据制造、安装和运行的要求，必须留有一定的叶顶间隙，但叶顶间隙 Δt 过大时，将导致流经间隙的泄漏量增加，致使叶轮外缘产生回流，流动损失增加。叶顶间隙值大小对于泵的性能影响很大，因此在设计叶轮时，一定要严格控制叶顶间隙 Δt，不应过大。在普通轴流泵设计中叶顶间隙值 Δt 一般控制在 $0.001D$，但在设计多相混输泵时由于气相的存在，散热受到一定的影响，考虑到叶轮受热膨胀及高速旋转带来的离心力，叶顶间隙 Δt 应稍微取大些。

4.2　导叶选型计算

1. 导叶轮缘直径 D_d 和轮毂进口直径 D_3

为使从叶轮流出的流体能够平稳进入导叶，导叶轮缘内径 D_{d1} 在叶轮直径 D 的基础上通过考虑叶顶间隙选取，导叶轮缘外径 D_{d2} 通过考虑导叶轮缘厚度选取（根据泵体设计需要可进行适当加厚），导叶轮毂进口直径 D_3 应等于叶轮轮毂出

口直径 D_2，这样，如果忽略断面收缩系数的影响，流体在叶轮出口和导叶入口具有相同的绝对速度；同理，为使流体平稳进入下一级叶轮，导叶轮毂出口直径 D_4 应等于叶轮轮毂入口直径 D_1。

2. 导叶叶片的轴向长度 e_d 和轮毂半锥角 γ_d

导叶叶片的轴向长度与导叶叶栅的稠密度 σ_d 和叶片数 z_d 有关。实践证明，增加叶片数可以缩短导叶叶片的长度。导叶的轴向长度一般与叶轮相同，且与泵的效率和混输能力密切相关。导叶轴向长度减小会使叶栅密度减小，水力损失减小，效率提高；但同时由于流道变短会导致叶片扭曲度增大，曲率半径减小，圆柱面上垂直于相对流速的 n 方向速度梯度增大，气液分离加重，根据相关设计经验，通常轴向长度 e_d 可按照 $e_d = 0.41D$ 选取。

在确定好导叶叶片的轴向长度 e_d 后，可按下式确定导叶的轮毂半锥角 γ_d：

$$\gamma_d = \arctan\frac{D_3 - D_4}{2e_d} \tag{4-13}$$

3. 导叶的叶片数 z_d

轴流泵导叶的叶片数与比转速有关，一般取 5 ~ 10 片，比转速越高，叶片数越少，比转速越低，叶片数越多，且导叶叶片数应与叶轮叶片数互为质数。为了更有效地破碎叶轮出口形成的气团，可将导叶叶片数适当取多点，但也不宜过多，因为当导叶叶片数过多时，导叶中的能量转换虽然较为充分，但水力摩擦损失会加大。

4. 导叶叶片进口安装角 β_3 和进口冲角 $\Delta\beta_3$

根据设计经验，导叶叶片的进口安装角从轮缘到轮毂在 20.6° ~ 27.9° 的范围内选取。

5. 导叶叶片出口安装角 β_4

在设计中小型混输泵时，为了简便起见，导叶叶片出口安装角一般可不进行计算而直接取 85° ~ 90°。

6. 导叶叶栅内相邻两叶型间的扩散角 ε

如图 4-1 所示，叶栅两叶型间的进口流道宽度为 $t\sin\beta_3$，因为其出口角接近 90°，故叶栅两叶型间的出口流道宽度为 t，流道的长度以叶型的弦长 l 来代替，于是可得扩散角 ε 为

$$\tan\frac{\varepsilon}{2} = \frac{t - t\sin\beta_3}{2l} \tag{4-14}$$

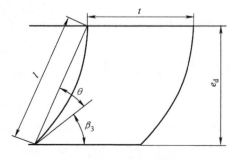

图 4-1 导叶叶栅的叶型示意图

4.3　叶轮水力设计

本书介绍的多相混输泵叶轮的设计主要利用 ANSYS 中的 BladeGen 模块进行，具体步骤如下：

1）打开 ANSYS 中的 workbench 集成软件，双击左侧菜单栏中的 BladeGen，右视图中出现 BladeGen 模块，如图 4-2 所示。可以看到，该模块顶部编号为 A，同时"2 Blade Design"列右侧为一问号，指该软件还未进入编辑状态。

图 4-2　BladeGen 模块

2）双击 BladeGen 模块中的图标"2 Blade Design"，打开 BladeGen 软件主界面。

3）单击工具栏中的￼按钮，出现空白视图区和"Initial Meridional Configuration Dialog"对话框，如图 4-3 所示。

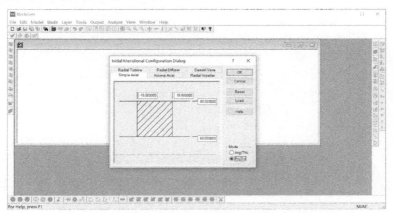

图 4-3　"Initial Meridional Configuration Dialog"对话框

4）将对话框中的标签页"Simple Axial"切换到"Normal Axial"下，输入表示流道长度和轮毂比的4组Z－R子午面数据，如下图4-4所示，同时将右下角的叶片模式改为"Ang/Thk"模式。

5）打开"Initial Angle/Thickness Dialog"对话框，并输入相应的数据，在如图4-5所示，左侧为叶片包角大小（包角大小根据设计经验确定），中间为叶片厚度，并修改叶片数，以及修改"#Layers"栏的相应项，以方便后面对叶片进行调整控制。

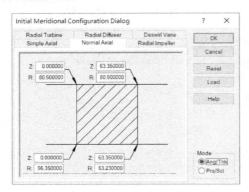

图4-4　Normal Axial　　　　　　　图4-5　修改叶片参数

6）单击"OK"按钮，视图中出现新建叶轮的4种视图方式，如图4-6所示。在子午面视图上可以看到流体介质的流动方向，同时也可以通过拖拽或者改变坐标值等方式改变进出口区域的宽度。

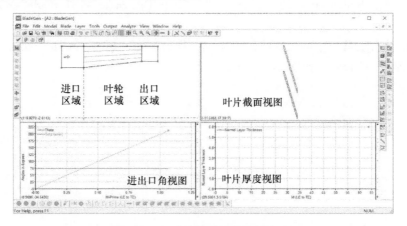

图4-6　新建叶轮的4种视图方式

7）单击［Model］－［Properties…］菜单命令，弹出如图4-7所示的"Model

Property Dialog"对话框，对叶轮属性进行编辑，将"Component Type"项更改为"Pump"，"Model Units"项则改为"MM"，如图4-7所示，单击"OK"按钮确认操作。

8）单击［Blade］－［Properties…］菜单命令，弹出"Blade Property Dialog"对话框，修改叶片属性，如图4-8所示。

9）选择"LE/TE Ellipse"标签页，如图4-9所示，将"TE Type"项改为"Ellipse"，然后设置好叶片前缘及后缘的椭圆率。

图4-7　"Model Property Dialog"对话框

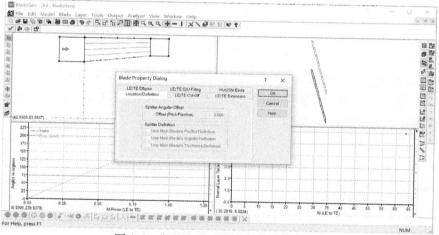

图4-8　"Blade Property Dialog"对话框

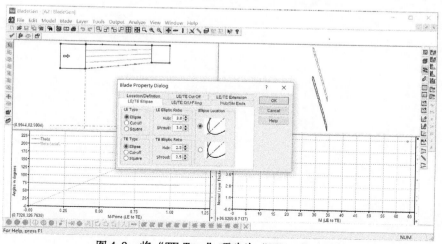

图4-9　将"TE Type"项改为"Ellipse"（一）

10）单击进出口角窗口，然后单击右键选择"Layer Control"，弹出"Layer Control Dialog"对话框，点击"Uniform"按钮，输入图层数目，调整图层（实际就是不同叶高），如图4-10所示，即轮毂及轮缘处的控制层，通过控制轮缘及轮毂的安装角及厚度来控制叶片流线。

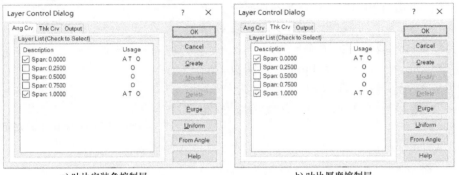

a) 叶片安装角控制层   b) 叶片厚度控制层

图4-10 "Layer Control Dialog"对话框

11）去掉进出口延长段，且叶片前缘到进口及后缘到出口都应有一定的轴向距离，因此需要对子午流面进行处理，首先将叶片前缘以及后缘向叶轮中部拉少量距离，然后单击进口延长段进口边，双击列表窗口中的"Horz"，将所有数据都改成0，再点击"OK"按钮即去掉了进口延长段，同理再单击出口延长段的出口边，然后双击列表窗口中的"Horz"，再点击"OK"按钮即去掉了出口延长段，最后形成的子午面如图4-11a所示。接着再处理叶片前缘到出口及后缘到进口的距离，单击叶片前缘线，再单击靠近轮毂的点，调整弹出窗口中的"Length Fraction"，设计前缘和后缘，最终修改好的子午面如图4-11b所示。

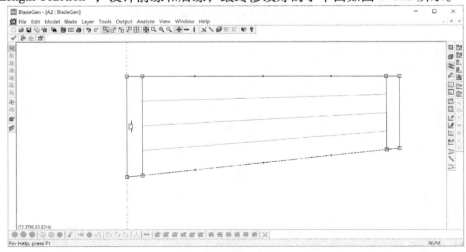

a) 形成的子午面

图4-11 叶轮子午流道

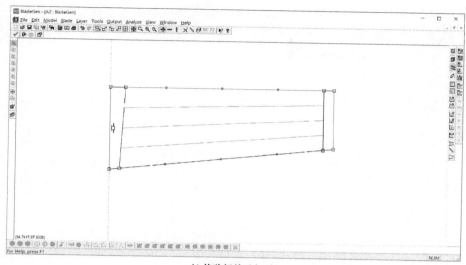

b) 修改好的子午面

图4-11　叶轮子午流道（续）

12）在进出口角窗口单击右键选择"Theta Definition"，然后再单击右键选择"Convert points to"，选择"Spline curve points"，弹出"Point Count Dialog"对话框，修改控制点数目，如图4-12所示，控制点数不宜过多。

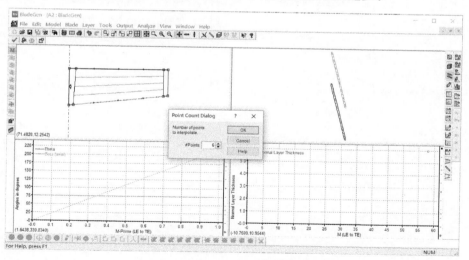

图4-12　"Point Count Dialog"对话框

13）再次在进出口角窗口单击右键选择"Adjust Blade Angles…"，弹出"Blade Angles Dialog"对话框，如图4-13a所示，"Tang Beta"为叶片安装角，

输入选型计算中得到的数据对不同图层的叶片前缘及后缘的安装角进行相应的调整，轮缘及轮毂处的进出口安装角设计如图 4-13b 所示，"Middle Section" 保持默认，最终将出口的安装角固定。

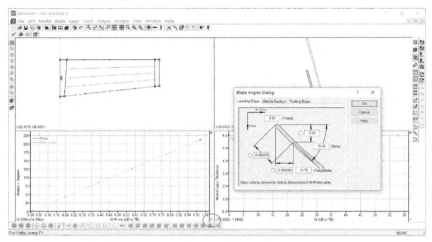

a）"Blade Angles Dialog" 对话框

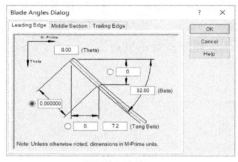

轮毂前缘安装角

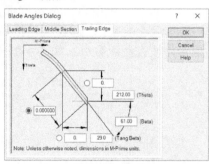

轮毂后缘安装角

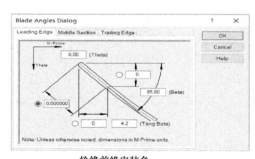

轮缘前缘安装角

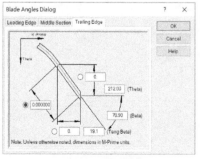

轮缘后缘安装角

b) 安装角设计

图 4-13　设置叶片安装角（一）

14）再通过对相关控制点的调整得到合适的叶片包角变化趋势，使得 Theta 变化曲线及 Beta 变化曲线都光滑过渡，最终调整结果如图 4-14 所示。

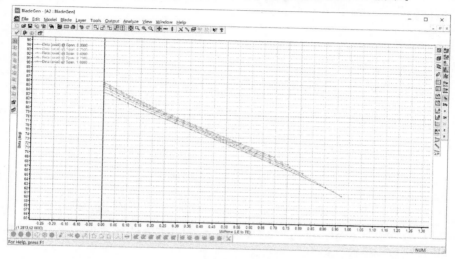

a) Beta变化曲线

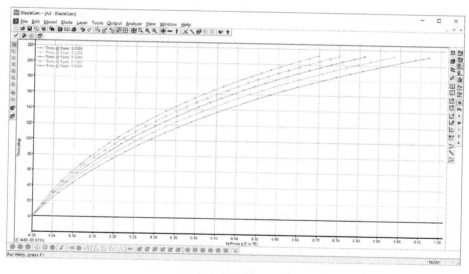

b) Theta变化曲线

图 4-14　Theta 变化曲线及 Beta 变化曲线

15）再点击叶片厚度视角，与调整叶片包角一样，单击右键选择"Layer Control"，弹出"Layer Control Dialog"对话框，点击"OK"按钮，使用默认设置，通过控制轮缘及轮毂处叶片厚度控制叶片整体厚度，如图 4-15 所示。

16）单击右键选择"Convert points to"，选择"Spline curve points"，弹出"Point Count Dialog"对话框，修改控制点数目，如图4-16所示，控制点数应稍多，以便控制不同图层的叶片厚度。

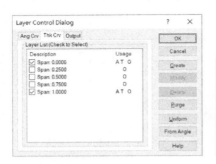 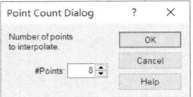

图4-15　设置叶片整体厚度　　　　　图4-16　修改控制点数目

17）根据设计经验，通过对相关控制点的调整得到合适的不同图层的叶片厚度变化趋势，最终调整结果如图4-17所示。

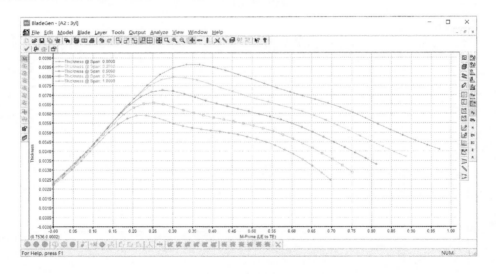

图4-17　叶轮叶片厚度变化趋势

18）最终得到如图4-18所示的叶轮单流道，至此叶轮水力设计完成。

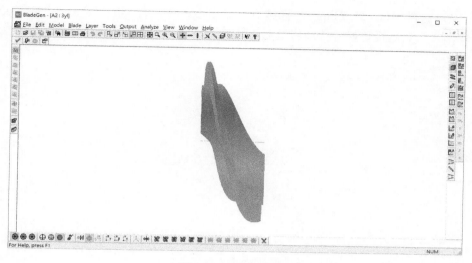

图4-18 叶轮单流道

4.4 导叶水力设计

导叶的设计同样利用 ANSYS 中的 BladeGen 模块进行，具体步骤如下：

1）首先进行与叶轮水力设计步骤 1）~7）相似的操作，然后单击［Blade］-［Properties…］菜单命令，弹出"Blade Property Dialog"对话框，修改叶片属性，如图 4-19 所示。

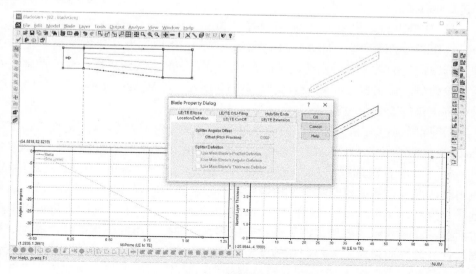

图4-19 修改叶片属性

2）选择"LE/TE Ellipse"标签页，如图4-20所示，将"TE Type"项改为"Ellipse"，然后设置好叶片前缘及后缘的椭圆率。

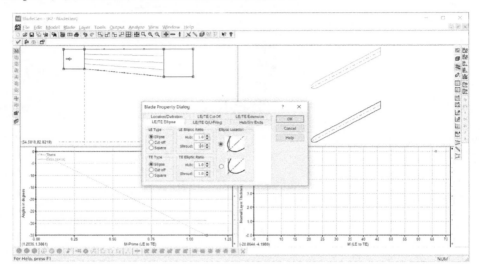

图4-20　将"TE Type"项改为"Ellipse"（二）

3）单击进出口角窗口，然后单击右键选择"Layer Control"，弹出"Layer Control Dialog"对话框，点击"Uniform"按钮，输入图层数目，调整图层（实际就是不同叶高），即轮毂及轮缘处的控制层，通过控制轮缘及轮毂的安装角及厚度来控制叶片流线。然后与叶轮设计过程一样确定导叶叶片前缘到出口及后缘到进口的距离。

4）在进出口角窗口单击右键选择"Adjust Blade Angles…"，弹出"Blade Angles Dialog"对话框，如图4-21a所示，"Tang Beta"为叶片安装角，输入选型计算中得到的数据对不同图层的叶片前缘及后缘的安装角进行相应的调整；轮缘及轮毂处的进出口安装角设计如图4-21b所示，"Middle Section"保持默认，最终将出口的安装角固定。

5）同样通过对相关控制点的调整得到合适的导叶叶片包角变化趋势，使得Theta变化曲线及Beta变化曲线都光滑过渡。然后点击叶片厚度视角，和调整包角一样，单击右键选择"Layer Control"，弹出"Layer Control Dialog"对话框，使用默认设置，通过控制轮缘及轮毂处叶片厚度控制叶片整体厚度。再单击右键选择"Convert points to"，选择"Spline curve points"，弹出"Point Count Dialog"对话框，修改控制点数目，控制点数应稍多，以便控制不同图层的叶片厚度。根据设计经验，通过对相关控制点的调整得到合适的不同图层的导叶叶片厚度变化趋势，调整结果如图4-22所示。最终得到如图4-23所示的导叶单流道，至此导

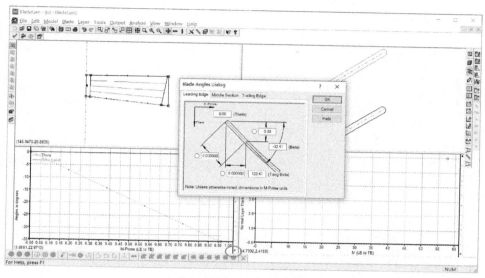

a) "Blade Angles Dialog" 对话框

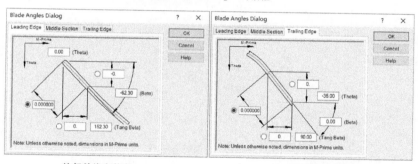

轮毂前缘安装角　　　　　　　　　　　轮毂后缘安装角

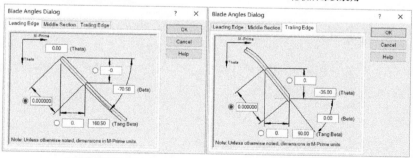

轮缘前缘安装角　　　　　　　　　　　轮缘后缘安装角

b) 安装角设计

图4-21 设置叶片安装角 (二)

叶的水力设计完成。

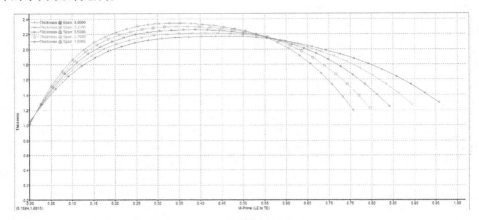

图 4-22　导叶叶片厚度变化趋势

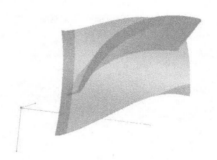

图 4-23　导叶单流道

4.5　本章小结

本章主要基于 BladeGen 软件，介绍了多相混输泵主要过流部件（叶轮和导叶）的初步选型计算过程以及水力设计方法。

第 5 章

多相混输泵水力性能

螺旋轴流式多相混输泵作为深海油气输送的关键装备之一，其安全可靠运行以及机组本身水力性能的优劣对深海油气资源的输送至关重要。本章主要从多相混输泵外特性和水动力特性两个方面对多相混输泵的水力性能予以介绍。

5.1 多相混输泵外特性

5.1.1 纯液条件下多相混输泵外特性

首先在纯水介质下，对不同流量工况的螺旋轴流式多相混输泵进行数值模拟，并对所得数值计算结果进行处理，最终绘制出如图 5-1 所示的不同流量下螺旋轴流式多相混输泵及其叶轮外特性曲线。从图 5-1 可以看出，随着流量的增加，多相混输泵扬程和叶轮扬程均逐渐降低，这也符合泵做功原理，且叶轮扬程与混输泵扬程的差值随着流量的增加在逐渐减小，这主要是由于随着流量的增加，多相混输泵对流体介质的约束力在逐渐增强，流动损失逐渐减小，因此叶轮扬程与泵扬程差值逐渐减小；从图 5-1 还可以看出，混输泵水力效率先增大后减小，在设计流量下达到最大值，且混输泵叶轮域从 0.8 倍设计流量到 1.2 倍设计流量，随着流量的增加，叶轮效率逐渐降低，可见流量的增加会使混输泵叶轮域水力损失逐渐增加；同时还可看出，在小流量工况时，随着流量的增加，叶轮域水力效率下降较小，而在大流量工况下随着流量的增加，水力效率快速下降。

然后在不同液相黏度下，对不同流量工况的螺旋轴流式多相混输泵进行数值模拟，图 5-2 为在不同液相黏度下多相混输泵的流量－扬程曲线。由图 5-2 可以看出，在不同流量下，液相黏度越小，其混输泵的扬程越高。还可以看出，当液相介质为轻质油和中质油时，在全工况下对应的混输泵扬程相差较小，而当液相介质为重质油时随着流量的增加对应的混输泵扬程与液相介质为轻质油和中质油时对应的混输泵扬程之间的差值越来越大，且在大流量下，当液相介质为重质油时，混输泵的扬程下降速度增加。图 5-3 为在不同液相黏度下多相混输泵的流

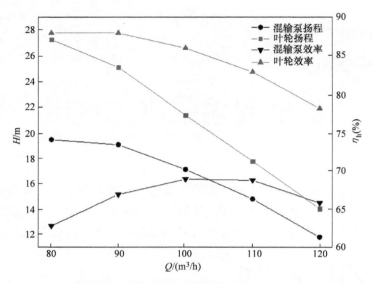

图 5-1　不同流量下螺旋轴流式多相混输泵及其叶轮外特性曲线

量－轴功率曲线。由图 5-3 可以看出，在不同流量下，液相黏度越大，其混输泵的轴功率也越大。还可以看出，随着流量的逐渐增加，三种液相介质对应的混输泵轴功率之间的差值变化不大。

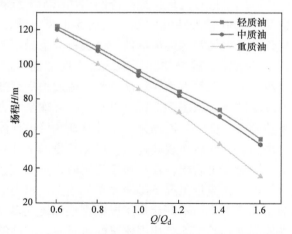

图 5-2　不同液相黏度下多相混输泵的流量－扬程曲线

图 5-4 所示为在不同液相黏度下多相混输泵的流量－水力效率曲线。由图 5-4 可以看出，在不同流量下，液相黏度越大，其混输泵的水力效率越小，且随着液相黏度的增加，最高效率点逐渐向小流量方向移动。还可以看出，在小流

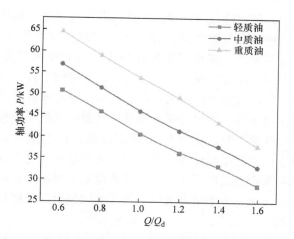

图5-3　不同液相黏度下多相混输泵的流量－轴功率曲线

量下，当液相介质为轻质油和中质油时，两者对应的混输泵水力效率的差值较小，而随着流量的增加，两者对应的混输泵水力效率的差值逐渐增加。当液相介质为重质油时，随着流量的增加，对应的混输泵水力效率与液相介质为轻质油和中质油时对应的混输泵水力效率之间的差值越来越大，且大于液相介质为轻质油和中质油时两者对应的混输泵水力效率的差值。

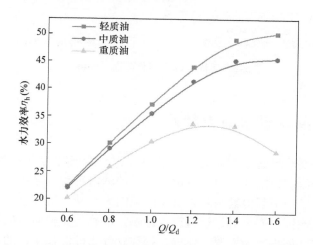

图5-4　不同液相黏度下多相混输泵的流量－水力效率曲线

5.1.2　气液条件下多相混输泵外特性

图5-5所示为多相混输泵在不同工况下的外特性曲线。由图5-5a可以看出，

在同一流量工况下，随着进口含气率的升高，多相混输泵扬程均逐渐降低，这说明在低含气率下，进口含气率的升高使得混输泵做功能力逐渐下降；从图5-5a还可看出，小流量工况下，多相混输泵进口含气率的升高对其扬程影响相对较小，而在设计工况和大流量工况下，随着进口含气率的升高，多相混输泵扬程下降速率开始明显增大，这主要是因为，由上文可知随着流量的增大，多相混输泵叶轮的水力效率快速下降，这也说明小流量工况多相混输泵扬程受进口含气率的影响明显要小于大流量工况。从图5-5b可以看出，在小流量工况下，多相混输泵水力效率随着进口含气率的增加缓慢下降，说明在小流量工况下，多相混输泵进口含气率变化对其水力效率影响不大，随着流量的增加，在设计流量和大流量工况下，多相混输泵水力效率随着进口含气率的增加出现了明显的下降趋势。

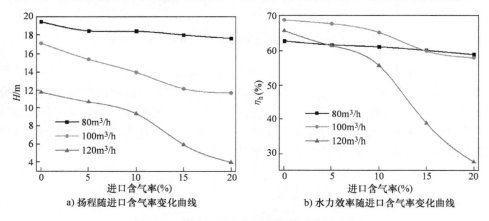

a) 扬程随进口含气率变化曲线   b) 水力效率随进口含气率变化曲线

图5-5　不同工况下多相混输泵外特性曲线

5.2　多相混输泵水动力特性

由于多相混输泵通常在高速、高含气工况、含气率变化幅度大等条件下工作，造成内部流动稳定性变差，且由于介质的轴向运动，导致泵叶轮上产生很大的轴向力，也容易引起混输泵叶轮所受的径向力等动力特性发生较大变化。这些变化将会对混输泵的安全可靠运行产生影响。准确计算轴向力以设置合理的平衡装置对其稳定性显得尤为重要。所以，探究含气条件混输泵内的水动力特性具有重要的参考价值。

5.2.1　气液两相条件下多相混输泵内瞬态水动力特性

1. 叶轮上瞬态轴向力变化
轴向力是影响泵安全稳定运行的重要因素。

螺旋轴流式多相混输泵轴向力的产生主要有以下几个因素：叶轮两侧压力分布不对称而产生的轴向力；输送介质作用于叶片所产生的动反力；叶轮自重，水平布置可忽略。本书介绍的螺旋轴流式多相混输泵的轮毂采用锥角设计，因此，流体对轮毂的作用力也是产生轴向力的主要原因。

图 5-6 所示为不同进口含气率下混输泵瞬态轴向力一个周期内的变化曲线。图 5-7 所示为叶轮计算区域轴向力随含气率的变化曲线。从图 5-6 中看出，在叶片旋转过程中，混输泵的平均轴向力在 3% 的范围内波动，变化幅度较小，不同含气率下轴向力随时间的变化规律相似，在一个旋转周期内波峰波谷数与叶片个数相等，但周期性却不明显，总体均呈现先上升后下降的趋势，而且随着含气率的升高，混输泵瞬态轴向力平均值先逐渐降低，后又升高。这主要是因为随着含气率的升高，混输泵叶轮内部的旋涡、二次流、气塞等现象造成的水力损失增加，

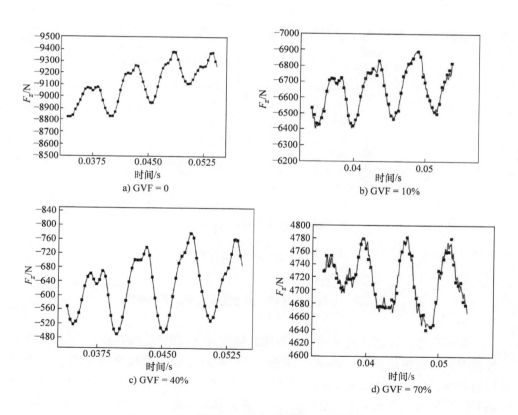

图 5-6　不同进口含气率下混输泵瞬态轴向力变化

注：GVF 为进口含气率（体积分数）。

泵增压性能也逐渐降低，减小了叶片两侧上的压力差，从而引起叶片轴向力逐渐减小。又由于含气率越高，增压单元内的静压就越高，因此流动介质静压对轮毂的作用力逐渐增大，方向指向叶轮出口。当含气率一直升高到 0.4 附近时，混输泵叶轮受到的总轴向力方向开始发生改变。因此，在实际运行过程中，这将对混输泵轴向力的平衡装置设计提出新的考验。

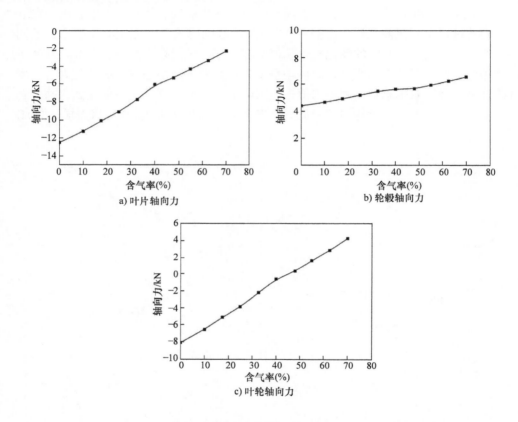

图 5-7　叶轮计算区域轴向力随含气率的变化曲线

　　在利用理论计算公式对一个三级螺旋轴流式多相混输泵的轴向力进行计算的过程中，取泵转速为 3000r/min，流量为 110m³/h，进口含气率为 40%，单级增压为 20m。计算得该工况下泵的 F_1 和 F_2 为 6105.5N。从图 5-7a 可知数值模拟得到的叶片轴向力为 6.4kN，差异仅为 4.1%，表明相对于理论分析计算的轴向力，其利用数值计算的方法计算的轴向力更加合理与准确。

2. 叶轮上瞬态径向力变化

　　产生径向力的主要原因是由于叶轮圆周上的压力分布不均匀。由于吸入室和压出室内流动的非对称性以及在运转过程中增压单元内气相运动的复杂性造成流动不对称而引起径向力的不平衡，而且在叶轮出口处存在的旋涡以及叶轮叶片位置相对导叶位置的改变引起内部流场的变化，最终导致叶轮内径向力的瞬时变化。这种瞬态的径向力变化会对机械部件产生不稳定的激励。

图 5-8 所示为不同含气率下叶轮上瞬态径向力的变化情况。由图 5-8 可知，在叶轮旋转过程中，不同含气率下首级叶轮和末级叶轮上的径向力并未围绕坐标原点旋转。首级叶轮径向力主要分布在第一、二象限上，末级叶轮上的径向力则主要分布在第二象限，但大致围绕某点旋转，在叶轮旋转的一个周期内，径向力变化曲线为 4 周。这是由于吸入室的半螺旋形结构和压出室的螺旋形结构的非对称性对首级叶轮入流和末级叶轮出流的影响导致流道内的流量、流速及叶片上压力分布表现为非对称性引起的。随着含气率的升高，这种径向力的变化规律没有发生改变，说明混输泵的这种螺旋形结构设计无法完全消除流道内两相分布的不均匀性，但由于这种轴流螺旋式泵的径向力较小，因此可以忽略。还可以看出，次级叶轮上的径向力围绕着原点旋转，由椭圆形逐渐变为圆形。随着含气率的升高径向力逐渐降低，当含气率较高时，混输泵流道内的流动径向力较小。

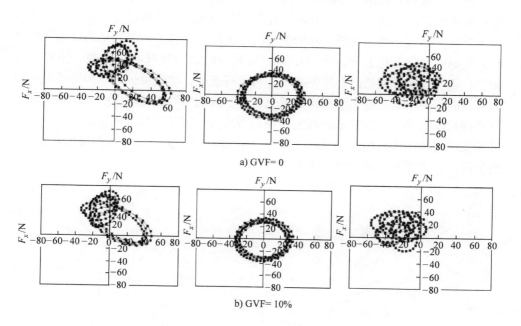

a) GVF= 0

b) GVF= 10%

图 5-8　不同含气率下叶轮上瞬态径向力变化情况

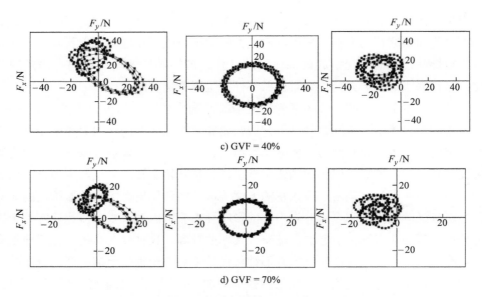

c) GVF = 40%

d) GVF = 70%

图5-8 不同含气率下叶轮上瞬态径向力变化情况（续）

图5-9所示为混输泵叶轮总径向力大小非定常分布。从图5-9可知，首级叶轮和末级叶轮总径向力呈现与叶轮叶片数相关的八角不对称星型分布，这主要是由于叶轮与蜗壳之间的动静干涉所引起的。次级叶轮总径向力则呈现出与导叶叶片数相等的九角形状分布，表明中间叶轮的径向力与导叶叶片有关。还可以看出，三级叶轮上总的径向力呈先减小，后升高变化，靠近泵进出口的叶轮上的径向力较高。中间级叶轮上的径向力变化较小，说明中间级叶轮上的流动在周向上分布相对较为均匀。在泵轴两端上的径向力较大，容易引起泵轴扭矩增加，而且混输泵的设计往往采用较小的叶顶间隙，泵轴的变形会造成叶片与泵壳的撞击，磨损设备，甚至造成断轴等严重事故。

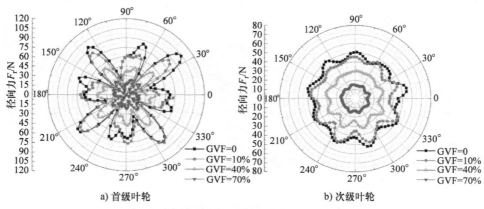

a) 首级叶轮   b) 次级叶轮

图5-9 混输泵叶轮总径向力大小非定常分布

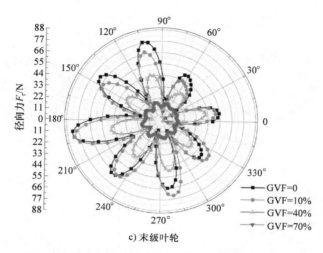

c) 末级叶轮

图 5-9　混输泵叶轮总径向力大小非定常分布（续）

3. 导叶上瞬态径向力变化

图 5-10 所示为不同含气率下导叶上瞬态径向力的变化。由图 5-10 可知，导叶上的径向力都以原点为中心对称分布。在首级叶轮的影响下，首级导叶内径向

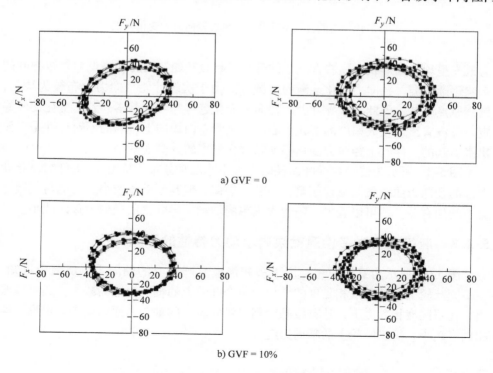

图 5-10　不同含气率下导叶上瞬态径向力的变化

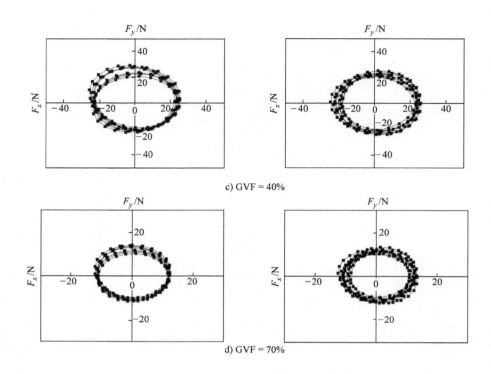

c) GVF = 40%

d) GVF = 70%

图 5-10 不同含气率下导叶上瞬态径向力的变化（续）

力最先呈现椭圆形状，随着含气率的升高，首级叶轮径向力的降低对首级导叶的影响逐渐削弱，径向力变化逐渐趋于圆形。由于次级叶轮径向力分布较为均匀，围绕原点旋转，因此次级导叶上的径向力变化趋势与叶轮基本一致，变化比较稳定，并没有出现较大幅度的变化，表明末级叶轮内周向上流动的不对称性是由压出室引起的。导叶上径向力变化幅度随着含气率的升高而减小。

图 5-11 所示为混输泵导叶总径向力大小非定常分布。从图 5-11 可知，导叶上总的径向力曲线虽然波动频繁，杂乱无规律，但其波动值较小，可能与气液分布不均匀有关。还可以看出，随着含气率的增加，导叶上的径向力逐渐减小。

5.2.2 液相黏度对多相混输泵内水动力特性的影响

图 5-12 所示为不同液相黏度下多相混输泵叶轮上的轴向力。从图中可知，在不同叶轮上，随着液相黏度的增加，每个叶轮上的轴向力逐渐减小。还可以看出，在不同液相黏度下，从首级叶轮到末级叶轮上的轴向力逐渐增加。可见，液相黏度越小，每级叶轮上的轴向力越大。

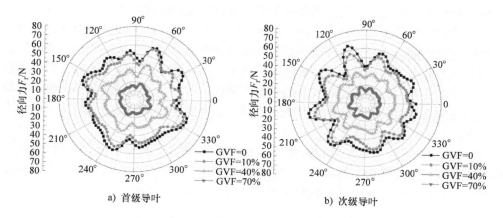

a) 首级导叶　　　　　　　　　b) 次级导叶

图 5-11　混输泵导叶总径向力大小非定常分布

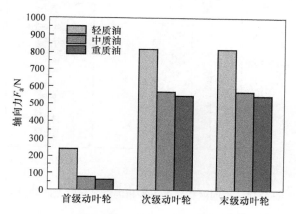

图 5-12　不同液相黏度下多相混输泵叶轮上的轴向力

图 5-13 所示为不同液相黏度下多相混输泵叶轮上的径向力。由图可知，在首

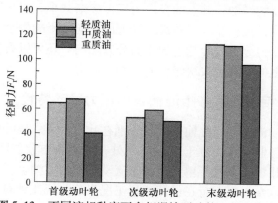

图 5-13　不同液相黏度下多相混输泵叶轮上的径向力

级叶轮和次级叶轮上，当液相介质为中质油时所受到的径向力最大，当液相介质为重质油时所受到的径向力最小。在末级叶轮上，随着液相黏度的增加，其所受到的径向力减小。并且当液相介质为轻质油和中质油时，各级叶轮中次级叶轮上的径向力最小，而末级叶轮上的径向力最大。当液相介质为重质油时，首级叶轮上的径向力最小，而末级叶轮上的径向力最大。可见，液相黏度越小，每级叶轮上的径向力越大，特别是末级叶轮上的径向力，这主要是因为末级叶轮上的压力分布均匀性较差。

图 5-14 所示为不同液相黏度下多相混输泵导叶上的轴向力。从图中可知，液相黏度对多相混输泵各级导叶上的轴向力影响均很小，因此在研究多相混输泵水动力特性时可不考虑液相黏度对其各级导叶上轴向力的影响。

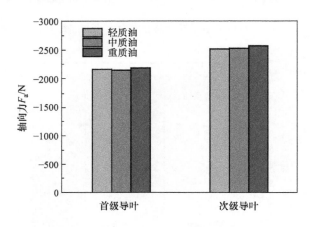

图 5-14　不同液相黏度下多相混输泵导叶上的轴向力

图 5-15 所示为不同液相黏度下多相混输泵导叶上的径向力。由图 5-15 可知，在首级导叶上，随着液相黏度的增加，其上的径向力逐渐增加。在次级导叶上，随着液相黏度的增加，其上的径向力反而逐渐减小。但与液相黏度对叶轮上径向力的影响相比，液相黏度对各级导叶上的径向力影响较小，说明在不同液相黏度下导叶上的压力分布较叶轮上的压力分布均匀。还可以看出，在不同液相黏度下，首级导叶上的径向力较次级导叶上的径向力大。

5.2.3　气液两相条件下多相混输泵内压力脉动特性

选取一螺旋轴流式多相混输泵，并分别在叶轮中间、导叶中间及动静交界面上设置监测点，各监测点均位于 50% 叶高处，监测点布置如图 5-16 所示。可准确完整地实现多相混输泵增压单元内瞬态流动状态的监测。

由于多相混输泵大都运行在设计流量工况附近。因此针对多相混输泵内瞬时

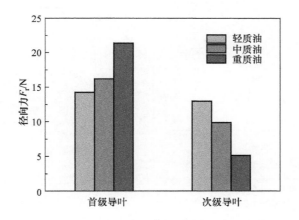

图 5-15 不同液相黏度下多相混输泵导叶上的径向力

图 5-16 多相混输泵增压单元内监测点布置

压力变化的介绍主要在设计流量工况不同含气率条件下展开。

图 5-17 所示为不同含气工况下首级增压单元压力脉动时域和频域变化曲线，从时域图可以发现，在流动方向上，首级增压单元内监测点的压力平均值逐渐升高，而且叶轮内监测点 1 和 2 的压力升高最为明显，在监测点 1 和 4 的压力波动性明显高于其他监测点。从频域图分析，在同一含气工况下，流动方向上监测点的压力脉动主频幅值先降低后升高。对于不同含气工况，随着含气率的升高，监测点脉动逐渐较低。

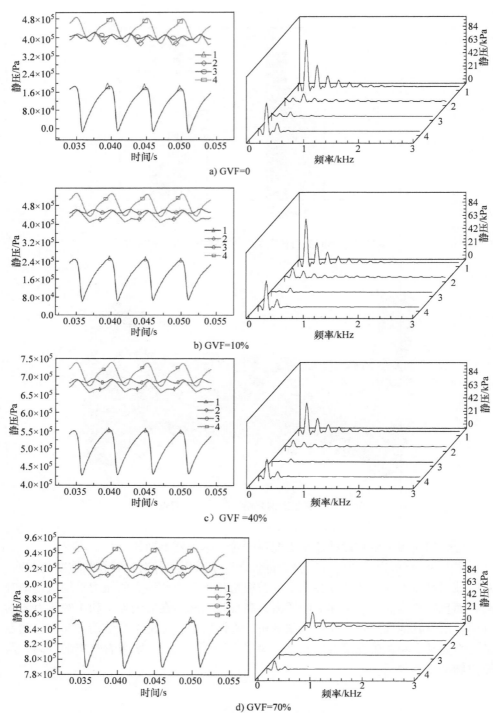

图 5-17　不同含气工况下首级增压单元压力脉动时域和频域变化曲线

图 5-18 所示为不同含气工况下次级增压单元压力脉动时域和频域变化曲线，从时域图可以发现，在不同含气工况下，监测点 6、7、8 压力波动性变化较小。

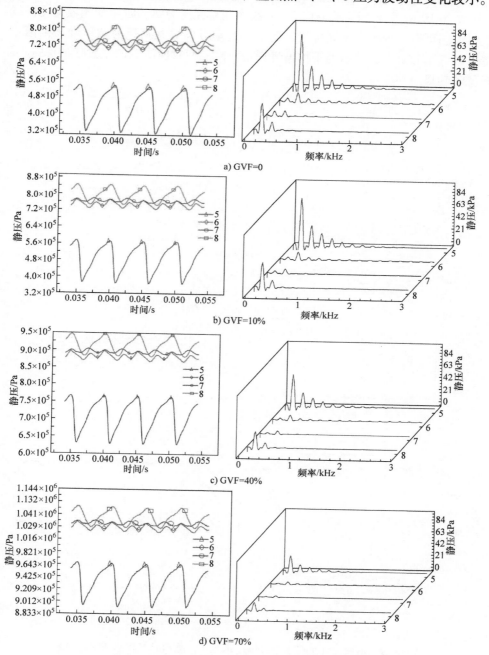

图 5-18　不同含气工况下次级增压单元压力脉动时域和频域变化曲线

随着含气率的升高，压力平均值逐渐降低。主频幅值也是先降低，在监测点 7 最小，然后又突然升高，监测点 8 的主频幅值仅次于监测点 5。

图 5-19 所示为不同含气工况下末级增压单元压力脉动时域和频域变化曲线，从时域图可以发现，在不同含气工况下，流动方向监测点压力波动性逐渐减小。伴着含气率的上升，静压的平均值慢慢地下降。而且监测点的主频幅值保持不断降低的趋势。

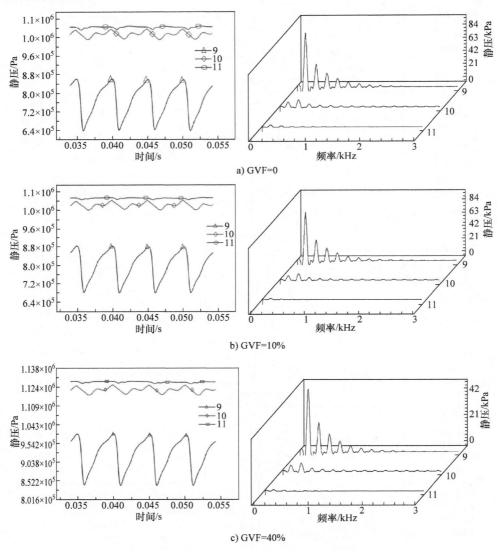

图 5-19　不同含气工况下末级增压单元压力脉动时域和频域变化曲线

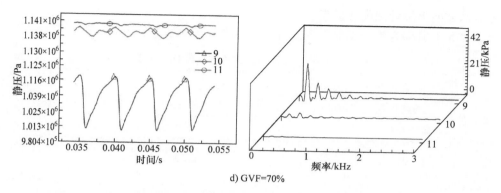

d) GVF=70%

图 5-19　不同含气工况下末级增压单元压力脉动时域和频域变化曲线（续）

从时域图分析可知，由于旋转叶片轮流扫掠过静止导叶，造成监测点的静压波动在一个周期内呈现出 4 个波峰波谷。监测点 1、5、9 呈现出较为明显的脉动周期性，其他监测点静压波动则相对较为微弱。各级叶轮同步转动，故监测点的压力波动相似，且在同一时刻处于极值。

从频域图分析可知，同一含气率下，增压单元内监测点脉动强度随着流动方向先逐渐减小后升高；距离叶轮进口交界面位置越近，主频脉动越剧烈，距离越远，脉动信号越弱。这说明混输泵内流场压力脉动主要由动静干涉作用产生。这种变化是因为动静干涉作用产生的压力脉动经导叶的整流作用而出现衰减，而下级叶轮的动静干涉作用又增强了这种脉动。经不同增压单元的比较发现，下游相应监测点的主频幅值较上游有微弱的上升。表明各级内均存在动静干涉作用，而且随着液流的流动，上游的不稳定流动会增加下游流动的不稳定性。

通过对不同含气率工况压力脉动的比较发现，相应监测点的时域曲线和频域曲线变化规律相同。此外，监测点 1、2、4、5、8、9、11 压力脉动的主频表现为叶片通过频率，监测点 3、6、7、10 压力脉动的主频表现为叶频的 2 倍。这说明动静干涉来源于叶轮与上、下游静止导叶的干涉，从而导致流道内部分区域主频发生叠加，即表现为 2 倍叶频。由于所在位置关系，未叠加的仍表现为 1 倍叶频。因此，混输泵内流场压力脉动主频不仅仅受叶片通过特性的影响，还与多级干涉流有关。监测点 1、5、9 波动剧烈，幅值较高，可能是因为导叶出口的高压低速流体进入叶轮后，能量发生转换。而且此处受上游流动尾迹影响，气液两相在此处出现湍流旋涡，引起两相的流动不稳定，发生极大的能量交换及损耗，引起叶轮进口的压力脉动幅值升高。叶轮内气液两相发生相分离，引起流动剧烈变化，而且此处远离动静交界面，使该处液流的瞬态效应不明显，故监测点 2、6、10 在宽频范围内产生较小的波动。监测点 3、6 主频幅值较小，表明增压单元内的动静干涉作用较小，反而增压单元间的作用较为明显，这便使监测点 4、8 成为流动方向上脉动强度转折点。

表5-1所列为不同工况下各监测点的主次频脉动幅值。

表5-1 不同工况下各监测点主次频脉动幅值

GVF = 0											
监测点	监测点1		监测点2		监测点3		监测点4		监测点5		监测点6	
	主频	次频	主频	次频	主频	次频	主频	次频	主频	次频	主频	次频
频率/Hz	196.7	393.4	196.5	393.4	393.4	196.7	196.7	393.4	196.7	393.4	392.6	196.3
幅值/kPa	75.24	35.02	57.70	13.03	7.52	4.79	45.84	13.59	88.06	36.16	15.28	5.80

监测点	监测点7		监测点8		监测点9		监测点10		监测点11	
	主频	次频	主频	次频	主频	次频	主频	次频	主频	次频
频率/Hz	393.4	196.7	196.7	393.4	196.7	393.4	392.6	196.3	196.7	393.4
幅值/kPa	8.54	7.76	44.57	13.86	87.48	36.78	12.14	8.63	4.03	2.48

GVF = 10%											
监测点	监测点1		监测点2		监测点3		监测点4		监测点5		监测点6	
	主频	次频	主频	次频	主频	次频	主频	次频	主频	次频	主频	次频
频率/Hz	196.7	393.4	196.3	393.4	393.4	196.7	196.7	393.4	196.6	393.4	392.6	196.3
幅值/kPa	69.39	32.12	15.63	10.58	6.71	2.35	42.15	12.45	80.61	33.83	13.71	4.45

监测点	监测点7		监测点8		监测点9		监测点10		监测点11	
	主频	次频	主频	次频	主频	次频	主频	次频	主频	次频
频率/Hz	393.4	196.7	196.7	393.4	196.7	393.4	392.6	196.3	196.7	393.4
幅值/kPa	80.61	33.83	13.71	4.45	80.01	34.20	10.97	7.72	2.44	1.47

GVF = 40%											
监测点	监测点1		监测点2		监测点3		监测点4		监测点5		监测点6	
	主频	次频	主频	次频	主频	次频	主频	次频	主频	次频	主频	次频
频率/Hz	196.7	393.4	196.3	392.6	393.4	196.7	196.7	393.4	196.7	393.4	392.6	196.3
幅值/kPa	45.91	21.31	10.25	7.10	4.67	1.22	27.96	8.53	53.96	23.1	8.73	3.16

监测点	监测点7		监测点8		监测点9		监测点10		监测点11	
	主频	次频	主频	次频	主频	次频	主频	次频	主频	次频
频率/Hz	393.4	196.7	196.7	393.4	196.7	393.4	392.6	196.3	196.7	393.4
幅值/kPa	5.31	2.58	27.72	8.53	53.68	23.45	7.01	5.22	1.49	0.99

（续）

GVF = 70%												
监测点	监测点 1		监测点 2		监测点 3		监测点 4		监测点 5		监测点 6	
	主频	次频	主频	次频	主频	次频	主频	次频	主频	次频	主频	次频
频率/Hz	196.7	393.4	196.3	392.6	393.4	196.7	196.7	393.4	196.7	393.4	392.6	196.3
幅值/kPa	23.67	10.98	4.97	3.59	2.37	0.64	14.20	4.31	27.31	11.72	4.48	1.59

监测点	监测点 7		监测点 8		监测点 9		监测点 10		监测点 11	
	主频	次频	主频	次频	主频	次频	主频	次频	主频	次频
频率/Hz	393.4	196.7	196.7	393.4	196.7	393.4	392.6	196.3	196.7	393.4
幅值/kPa	26.72	1.30	14.12	4.29	2.71	11.89	3.66	2.64	0.71	0.53

从表5-1中发现，混输泵内流场压力脉动主频幅值表现为周期性的规律变化。故可适当延长增压单元的间隙，一定程度上缓解叶片进口冲击，提高泵的稳定性。缩短增压单元内的距离，减少流动损失以提高泵的水力性能。随着含气率的升高，监测点的主频幅值逐渐减小，叶轮进口表现最明显，距离叶轮进口越远，影响越小，在叶轮出口基本不受影响。表明气相在流道内的分布是影响脉动幅值的重要因素之一。在导叶内多相流动状态的调整，气相聚集较少，削弱了叶轮进口的脉动。因此，实际工程运行中，含气率的瞬时变化造成级间连接位置处压力的高频波动，将会威胁机组安全，引起设备的疲劳损坏，而且也会造成泵内较大的能量损失。开展混输泵含气工况瞬时流动特性的研究，既能保证机组的安全稳定运行，又可提高混输泵的水力性能。

5.3　本章小结

本章首先对混输泵的外特性进行了介绍，然后在水气两相条件下对混输泵内的瞬态水动力特性做了详细的分析，主要得到以下结论：

1）在不同流量下，液相黏度越小，其混输泵的扬程越高，且在大流量下，当液相介质为重质油时混输泵的扬程下降速度较快；液相黏度越大，其混输泵的轴功率越大，而其混输泵的水力效率却越小，且随着液相黏度的增加最高效率点逐渐向小流量方向移动。

2）混输泵首级叶轮和末级叶轮总径向力呈现与叶轮叶片数相关的八角不对称星型分布，这主要是由于叶轮与蜗壳之间的动静干涉所引起的；次级叶轮总径向力则呈现出与导叶叶片数相等的九角形状分布，表明中间叶轮的径向力与导叶叶片有关；末级叶轮内周向上流动的不对称性是由压出室引起的。

3）在混输泵轴两端上的径向力较大容易引起泵轴扭矩增加，而且混输泵的设计往往采用较小的叶顶间隙，泵轴的变形会造成叶片与泵壳的撞击，磨损设备，甚至造成断轴等严重事故。

4）液相黏度越小，每级叶轮上的轴向力和径向力越大；液相黏度对混输泵各级导叶上的轴向力影响均很小，因此在研究混输泵水动力特性时可不考虑液相黏度对混输泵各级导叶上轴向力的影响。

5）混输泵内主要存在叶频脉动。在流动方向上，增压单元内的动静干涉作用产生的压力脉动在导叶的整流作用下得到衰减，在下级叶轮的动静干涉作用下却又得到增强。而且上级的不稳定流动将会加剧下级流动的不稳定性，使其脉动幅值有所升高。

6）叶轮内动静耦合来源于运动的叶轮与相邻静止的导叶，导致叶轮中部及出口处主频发生叠加，因此混输泵内流场压力脉动主频不仅仅受叶片的通过特性的影响，还与多级干涉流有关。叶轮进口交界面的静压波动最强烈，是压力脉动的主要来源。

第6章

多相混输泵内气液两相流动机理

由于螺旋轴流式多相混输泵结构的特殊性和输送介质的多样性，导致该多相混输泵内部流动非常复杂，且由于含气率的不定时变化，引起该泵过流部件内气液两相之间的相互作用程度加剧，本章基于自主设计的螺旋轴流式多相混输泵，对其内气液两相流动机理进行分析，通过分析为多相混输泵的结构优化设计提供理论参考。

6.1 多相混输泵内气相分布规律

6.1.1 含气率对多相混输泵内气液两相分布规律的影响

图 6-1 所示为设计工多况时在不同含气率下 0.05 倍叶高处叶轮内的气相体积分布云图（0.05 倍叶高处也即为靠近叶轮轮毂处）。由图 6-1 可以看出，随着含气率的增加，叶轮内的最大气体体积分数和最大气体体积分数区域逐渐扩大，且该区域主要集中在首级叶轮出口和首级导叶进口之间，随着含气率的增加，该区域逐渐向次级和末级相应区域移动。从图 6-1 还可以看出，随着含气率的增加叶轮内的气相体积分布均匀性发生较大改变，在含气率等于 0.15 时其均匀性最差。可见，含气率对混输泵叶轮内的气相体积分布规律有较大影响，且影响较大的区域主要集中在叶轮出口到导叶进口区域。

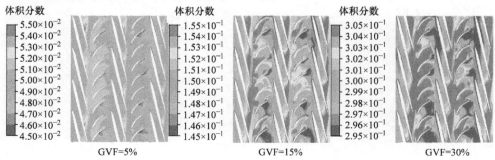

图 6-1   在不同含气率下 0.05 倍叶高处叶轮内的气相体积分布云图

图 6-2 所示为设计工况时在不同含气率下 0.5 倍叶高处叶轮内的气相体积分布云图（0.5 倍叶高处即为叶轮轮毂到轮缘的中间位置处）。由图 6-2 可以看出，随着含气率的增加，叶轮内的最大气体体积分数区域也逐渐扩大，但与轮毂处不同的是，在 0.5 倍叶高处，随着含气率的增加，最大气体体积分数区域主要集中在导叶内，且随着含气率的增加，导叶内的最大气体体积分数的区域从导叶叶片的吸力面逐渐向导叶的整个流道内扩散。

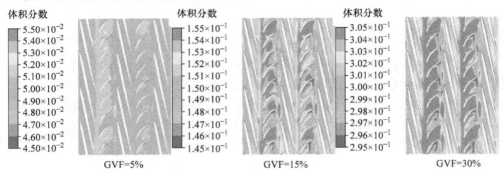

图 6-2　在不同含气率下 0.5 倍叶高处叶轮内的气相体积分布云图

图 6-3 所示为设计工况时在不同含气率下 0.95 倍叶高处叶轮内的气相体积分布云图（0.95 倍叶高处即为靠近叶轮轮缘的位置处）。由图 6-3 可以看出，随着含气率的增加，叶轮内的最大气体体积分数也是逐渐增加的，但相比 0.05 倍叶高处和 0.5 倍叶高处，随着含气率的增加，最大气体体积分数集中的区域相对较小。从图 6-3 还可以看出，在 0.95 倍叶高处，即靠近叶轮轮缘处的最大气体体积分数集中的区域主要在叶轮进口位置，且随着含气率的增加，叶轮和导叶流道内的气体体积分数分布主要以低气体体积分数为主。可见，在靠近叶轮轮缘处的气体体积分布规律与 0.05 倍叶高处和 0.5 倍叶高处的气体体积分布规律存在较大的差别，这主要是由于叶轮在旋转过程中，在离心力的作用下，越靠近轮缘，气相分布越少，而液相分布越多。

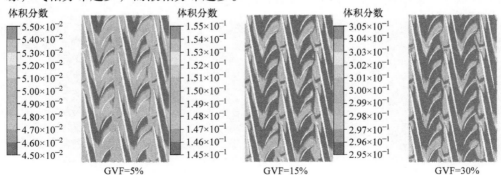

图 6-3　在不同含气率下 0.95 倍叶高处叶轮内的气相体积分布云图

结合图6-1～图6-3可以看出，混输泵叶轮内，越靠近轮毂气体越集中，且在同一含气率下从轮缘到轮毂最大气相体积分布区域变大。可见，越靠近轮毂含气率对混输泵叶轮流道内气相体积分布规律的影响越大。

图6-4所示为设计工况时不同含气率下多相混输泵叶轮内的轴向气相体积分布云图。

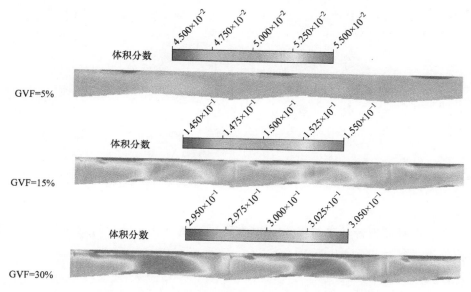

图6-4 不同含气率下多相混输泵叶轮内的轴向气相体积分布云图

从图6-4可以看出，在低含气率下气相分布较为均匀，随着含气率的不断增加开始出现气相聚集现象。从图6-4同样也可以看出，最大气相体积分布的区域主要集中在叶轮出口到导叶进口的区域，且首级增压单元内的最大气相体积分数分布区域明显大于次级和末级内的最大气相体积分数分布区域，即从首级到末级最大气相体积分数分布区域逐渐缩小。还可以看出，在不同含气率下，靠近轮缘处的气相体积分数最小，这也和上述研究结果相一致，这主要是由于气相密度小于液相密度，在离心力作用下密度大的液相主要向轮缘处聚集，而密度小的气相由于受到液相的作用而主要集中在叶轮流道中部和靠近轮毂位置，这也体现了在多相混输泵过流部件内气液两相之间的相互作用机理。

6.1.2 流量对多相混输泵内气液两相分布规律的影响

图6-5所示为含气率等于30%时在不同流量下0.05倍叶高处叶轮内的气相体积分布云图。由图6-5可以看出，在不同流量下混输泵叶轮流道内的最大气相体积分布区域主要集中在叶轮出口处，且随着流量的增加其最大气相体积分布区

域逐渐缩小。由图 6-5 还可以看出，在不同流量下从导叶出口到叶轮进口的区域存在较大的低气相体积分布区域，且随着流量的增加该区域逐渐缩小。还可以看出，在任一流量下从首级增压单元到末级增压单元，其最大气相体积分布区域逐渐缩小，而低气相体积分布区域逐渐扩大，特别是在小流量下更为显著。

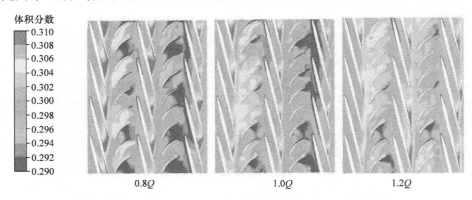

图 6-5　在不同流量下 0.05 倍叶高处叶轮内的气相体积分布云图

注：Q 为设计流量。

图 6-6 所示为含气率等于 30% 时在不同流量下 0.5 倍叶高处叶轮内的气相体积分布云图。

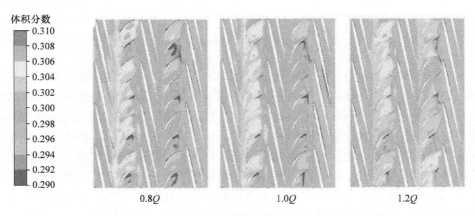

图 6-6　在不同流量下 0.5 倍叶高处叶轮内的气相体积分布云图

由图 6-6 可以看出，在不同流量下混输泵叶轮流道内的气相体积分布较 0.05 倍叶高（轮毂）处的气相体积分布更为均匀，与轮毂处不同的是，在 0.5 倍叶高处气相体积分布较大的区域主要集中在首级增压单元的级间和导叶流道内，且随着流量的增加该区域逐渐缩小，同时，在同一流量下该区域从首级增压单元到末级增压单元也逐渐减小。

图 6-7 所示为含气率等于 30% 时在不同流量下 0.95 倍叶高处叶轮内的气相体积分布云图。由图 6-7 可以看出，在不同流量下混输泵叶轮流道内的最大气相体积分布区域较小，且低气相体积分布区域较 0.05 倍叶高处和 0.5 倍叶高处大，说明在不同流量下气相体积分布在轮缘处的较少，这也进一步说明了轮缘处气相分布较少和轮毂处气相分布较多主要就是离心力作用的影响。

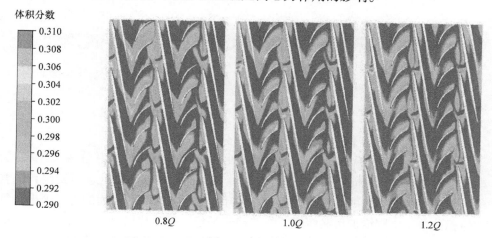

图 6-7　在不同流量下 0.95 倍叶高处叶轮内的气相体积分布云图

结合图 6-5 ~ 图 6-7 可以看出，在小流量下混输泵增压单元内的气相分布变化较大，这主要是因为在小流量下叶片对流体的约束能力较弱，气液混合均匀性较差，从而导致不同区域间的气相分布差异性较大。

图 6-8 所示为含气率等于 30% 时在不同流量下叶轮轴向的气相体积分布云图。从图 6-8 可以看出，与不同含气率下的轴向分布相比较，其规律基本相同，即低气相体积分布区域主要集中在轮缘处，而高气相体积分布区域主要集中在轮毂处。与含气率对混输泵叶轮内的气相体积分布规律影响相比较可以发现，流量对混输泵叶轮内气相体积分布规律的影响小于含气率的影响，可见，提高多相混输泵的含气率，并保证混输泵运行时的稳定性较为困难，需要考虑含气率的变化对混输泵过流部件内的影响，特别是对增压单元内流场的影响。

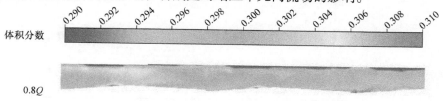

图 6-8　在不同流量下叶轮轴向的气相体积分布云图

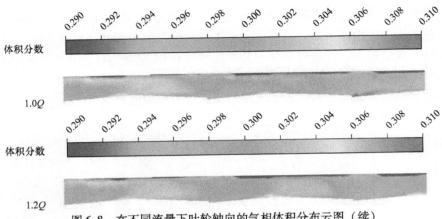

图 6-8　在不同流量下叶轮轴向的气相体积分布云图（续）

1. 流量对首级叶轮进口到出口含气率分布规律的影响

（1）流量对首级叶轮 0.1 倍叶高处进口到出口含气率分布规律的影响　图 6-9 所示为不同流量下首级叶轮叶片压力面 0.1 倍叶高处进口到出口的含气率分布。从图 6-9 可以看出，在 0.1 倍叶高处，从叶片压力面的进口到出口气相体积分数先急剧增加后又缓慢下降并趋于平稳，到叶片出口位置又出现较小的波动，这主要是由于受到动静干涉的影响。可见，在首级叶轮叶片的压力面，气体主要集中在叶片进口区域。还可以看出，在叶片压力面进口段，小流量时的气相体积分数比大流量和设计工况小，而到叶片压力面出口段，小流量时的气相体积分数反倒最大，其次为设计工况，大流量下最小。

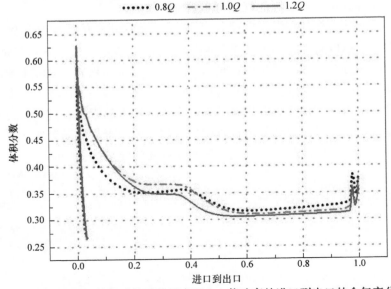

图 6-9　不同流量下首级叶轮叶片压力面 0.1 倍叶高处进口到出口的含气率分布

图 6-10 所示为不同流量下首级叶轮叶片吸力面 0.1 倍叶高处进口到出口的含气率分布。由图 6-10 可以看出，在叶片吸力面进口处，气相体积分数先急剧减小后又开始增加并趋于平稳，这刚好与叶片压力面相应位置相反。还可以看出，流量对叶轮叶片吸力面 0.1 倍叶高处的气相体积分布影响较小，且从叶片吸力面进口段到出口段气相的体积分数基本没有发生变化，可见，流量对混输泵叶轮叶片压力面 0.1 倍叶高处气相体积分布规律的影响大于对叶片吸力面对应位置气相体积分布规律的影响。

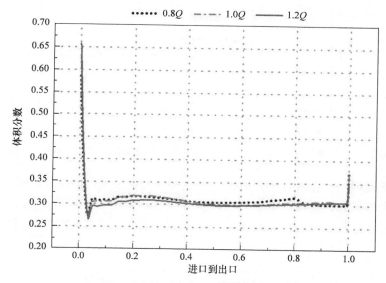

图 6-10　不同流量下首级叶轮叶片吸力面 0.1 倍叶高处进口到出口的含气率分布

（2）流量对首级叶轮 0.5 倍叶高处进口到出口含气率分布规律的影响　图 6-11 所示为不同流量下首级叶轮叶片压力面 0.5 倍叶高处进口到出口的含气率分布。由图 6-11 可知，在首级叶轮叶片压力面 0.5 倍叶高处，从叶片压力面进口开始气相体积分数先急剧减小后又急剧增加到一定值后开始缓慢增加，到叶片压力面中间位置气相体积分数又开始缓慢减小，并趋于平稳，在叶片压力面出口也出现较小的波动。还可以看出，在叶片压力面 0.5 倍叶高处，流量对气体体积分数的影响并不是很大。

图 6-12 所示为不同流量下对首级叶轮叶片吸力面 0.5 倍叶高处进口到出口的含气率分布。从图 6-12 可以看出，在叶轮叶片吸力面 0.5 倍叶高处，进口的气相体积变化规律与对应压力面的变化规律相似。还可以看出，在叶片吸力面进口段流量对气相体积分布的影响较小，而从叶片吸力面中间位置开始流量对气相体积分布规律的影响逐渐增加，且从叶片吸力面中间位置开始小流量时的气相体

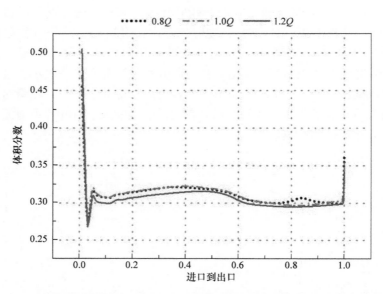

图 6-11　不同流量下首级叶轮叶片压力面 0.5 倍叶高处进口到出口的含气率分布

积分数逐渐增加，在叶片吸力面出口处还有较大的波动。而从叶片吸力面中间位置开始大流量和设计工况下的气相体积分数逐渐减小，主要原因由图 6-6 可知，在小流量下叶片吸力面出口处的含气率较高，因此图 6-11 的变化规律与图 6-6 相一致。

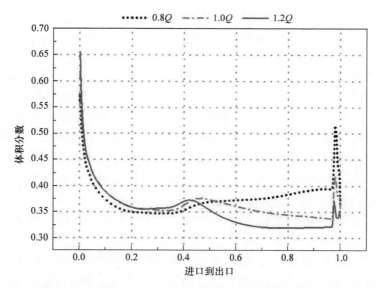

图 6-12　不同流量下首级叶轮叶片吸力面 0.5 倍叶高处进口到出口的含气率分布

（3）流量对首级叶轮 0.9 倍叶高处进口到出口含气率分布规律的影响　图 6-13 所示为不同流量下首级叶轮叶片压力面 0.9 倍叶高处进口到出口的含气率分布。从图 6-13 可以看出，在首级叶轮叶片压力面 0.9 倍叶高处，流量对气体体积分数的分布规律影响很小，且从叶片压力面进口到出口气体体积分数的变化也很小，这与图 6-7 的气相体积分布云图相一致。

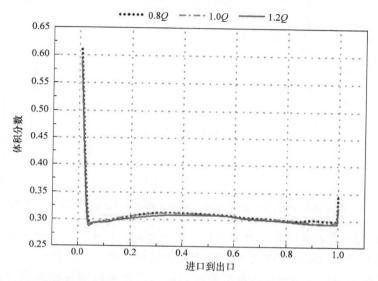

图 6-13　不同流量下首级叶轮叶片压力面 0.9 倍叶高处进口到出口的含气率分布

图 6-14 所示为不同流量下首级叶轮叶片吸力面 0.9 倍叶高处进口到出口的含气率分布。从图 6-14 可以看出，在首级叶轮叶片吸力面 0.9 倍叶高处，从叶片吸力面的进口开始气体体积分数先减小再增大，后又开始减小，在叶片吸力面出口处出现波动。还可以看出，在叶片进口段，流量对气体体积分数的影响较小，但要大于对叶片压力面气体体积分数的影响。而从叶片中间段开始，在设计工况时的气体体积分数最高，大流量次之，小流量最小。

综合图 6-9 ～图 6-14 可知，在叶片进口，除了 0.1 倍叶高处压力面和吸力面的变化规律相反外，其他叶高处的变化规律均相同，还可以看出，流量对叶片后半段上的气体体积分布规律影响较大，特别是对吸力面上的影响最大，且在不同叶高处叶片压力面和吸力面上的气相分布规律均存在差异。因此，在提高多相混输泵含气率的研究过程中，必须考虑叶片压力面和吸力面上气相分布的均匀性。

2. 流量对首级叶轮轮毂到轮缘含气率分布规律的影响

图 6-15 所示为不同流量下首级叶轮进口截面轮毂到轮缘的含气率分布。由

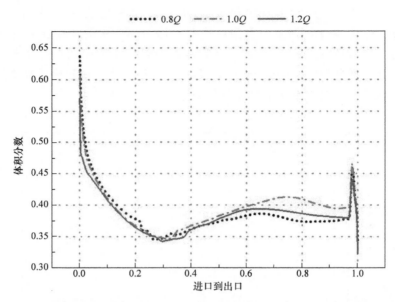

图 6-14   不同流量下首级叶轮叶片吸力面 0.9 倍叶高处进口到出口的含气率分布

图 6-15 可知，在首级叶轮进口截面从轮毂到轮缘，气相体积分数先增大后减小，且在靠近轮毂处的增加程度大于中间位置的增加程度，而靠近轮缘处增加最快，下降也最快，还可以看出，在靠近轮毂处随着流量的增加气相体积分数也增加，而在中间位置不同流量下的气相体积分数相差不大，在靠近轮缘处随着流量的减小其气相体积分数下降越快。这主要因为由图 6-4 可知，在首级叶轮进口截面 0.9 倍叶高附近气相体积分数最大，因此在图 6-15 中的 0.9 倍叶高附近的气相体积分数出现突然升高的现象，但是由于气液两相之间的相互作用导致轮缘处的含气率突然降低，且随着流体逐渐向出口截面流动，从轮毂到轮缘的气相体积分数的分布越来越均匀，这和图 6-4 的流场分布完全一致，说明在首级叶轮的不同截面上气相分布呈现不同的变化规律，越接近进口含气率分布越不均匀，这主要是由于流体从吸入室流出的瞬间还未受到离心力的作用，这时由于液相和气相密度的不同，两相之间存在滑移现象导致气相流速快于液相，且吸入室出口的速度环量对气相的影响大于液相，因此呈现图 6-4 中的分布规律。还可以看出，在首级叶轮进口截面从轮毂到轮缘，大流量时的最大气相体积分数最小，而设计工况和小流量时的最大气相体积分数相差不大。

图 6-16 所示为不同流量下首级叶轮中间截面轮毂到轮缘的含气率分布。由图 6-16 可知，在首级叶轮中间截面靠近轮毂处气相体积分数的变化规律与首级叶轮进口截面刚好相反，且从轮毂到轮缘除了轮毂和轮缘附近流量对气体体积分数有影响外，在其他位置基本没有影响。还可以看出，与叶轮进口截面相比，在

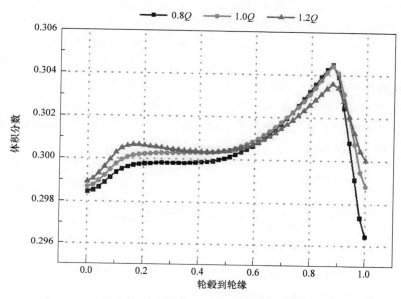

图6-15　不同流量下首级叶轮进口截面轮毂到轮缘的含气率分布

叶轮中间截面气相体积分数在不同流量下的变化较为缓慢，即在该截面从轮毂到轮缘气相体积分布梯度较小。

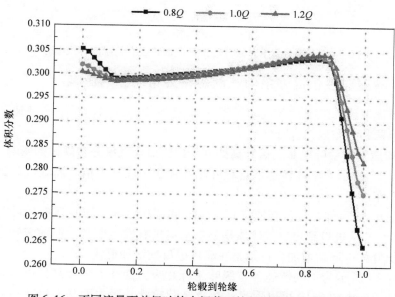

图6-16　不同流量下首级叶轮中间截面轮毂到轮缘的含气率分布

图 6-17 所示为不同流量下首级叶轮出口截面轮毂到轮缘的含气率分布。由图 6-17 可知，在首级叶轮出口截面，从轮毂开始在小流量时气相体积分数先缓慢增加后迅速减小，而在设计工况和大流量下先减小后缓慢增加，最后迅速减小。还可以看出，在靠近轮毂处流量越大其气相体积分数也越大，而随着远离轮毂其变化规律刚好相反，即流量越大其气相体积分数越小，直到靠近轮缘位置不同流量下的气相体积分数基本相同。可见在该截面流量对气相体积分数有较大的影响，且该影响大于对进口截面和中间截面的影响，这和本章前述的首级叶轮内的气相分布情况相一致。

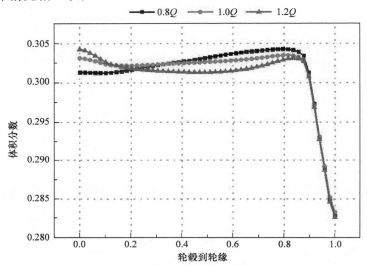

图 6-17 不同流量下首级叶轮出口截面轮毂到轮缘的含气率分布

6.1.3 转速对多相混输泵内气液两相分布规律的影响

本节选取设计工况，含气率等于 30% 且液相为纯水，对不同转速下混输泵内的气液两相分布规律进行分析。

1. 转速对首级叶轮 0.1 倍叶高处进口到出口含气率分布规律的影响

图 6-18 所示为不同转速下首级叶轮叶片压力面 0.1 倍叶高处进口到出口的含气率分布。

由图 6-18 可知，在低转速（185r/min 和 750r/min）下首级叶轮叶片压力面 0.1 倍叶高处从进口到出口气体体积分数基本没有发生变化，但随着转速的增加气体体积分数也逐渐增加，特别是在靠近进口处增加更快。

图 6-19 所示为不同转速下首级叶轮叶片吸力面 0.1 倍叶高处进口到出口的含气率分布。由图 6-19 可以看出，在首级叶轮叶片吸力面 0.1 倍叶高处，当转速等于 185r/min 时靠近进口位置气体体积分数波动较大，随着转速的增加波动

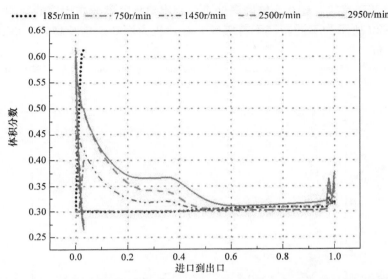

图 6-18　不同转速下首级叶轮叶片压力面 0.1 倍叶高处进口到出口的含气率分布

逐渐减小。还可以看出，从叶片吸力面进口开始当转速等于 750r/min 时对应的气相体积分数最大，从叶片吸力面中部开始除了转速等于 750r/min 时对应的气相体积分数最大外，其余转速下的气相体积分数基本相同。对比图 6-18 和图 6-19可以看出，在叶片压力面 0.1 倍叶高处转速越高对气相体积分布的影响越大，而在叶片吸力面 0.1 倍叶高处转速越小对气相体积分布的影响越大。

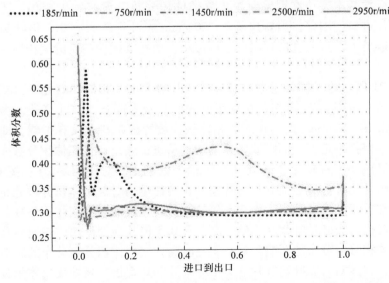

图 6-19　不同转速下首级叶轮叶片吸力面 0.1 倍叶高处进口到出口的含气率分布

2. 转速对首级叶轮0.5倍叶高处进口到出口含气率分布规律的影响

图6-20所示为不同转速下首级叶轮叶片压力面0.5倍叶高处进口到出口的含气率分布。

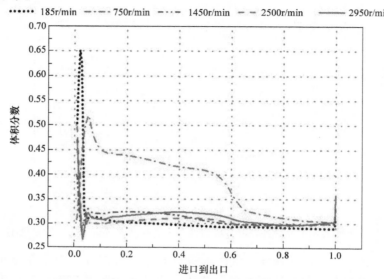

图6-20　不同转速下首级叶轮叶片压力面0.5倍叶高处进口到出口的含气率分布

由图6-20可知，在首级叶轮叶片压力面0.5倍叶高叶片进口处转速等于185r/min时的最大气相体积分数最大，而随着距离叶片进口越远，该转速下的气相体积分数基本保持在混输泵进口气体体积分数下没有发生变化。还可以看出，从叶片进口到出口，当转速等于750r/min时叶片压力面0.5倍叶高处的气相体积分数最大，且从进口到出口逐渐减小，而在其他转速下的气相体积分数变化不大。

图6-21所示为不同转速下首级叶轮叶片吸力面0.5倍叶高处进口到出口的含气率分布。由图6-21可知，在首级叶轮叶片吸力面0.5倍叶高处，当转速等于185r/min和750r/min时转速对气相体积分数的分布基本没有影响，即从进口到出口基本保持一定值，而随着转速的增加从进口到出口气相体积分数先减小再增大最后又减小，且转速越大其气相体积分数越大。对比图6-20和图6-21可知，在首级叶轮叶片压力面0.5倍叶高处，转速越高对气相体积分数分布的影响越小，而在首级叶轮叶片吸力面0.5倍叶高处转速越低对气相体积分数分布的影响越小。对比首级叶轮叶片0.1倍叶高处和0.5倍叶高处可知，转速对0.1倍叶高处气相体积分数分布的影响与对0.5倍叶高处气相体积分数分布的影响刚好相反。可见，转速对首级叶轮叶片0.1倍叶高处和0.5倍叶高处气相体积分数分布的影响完全不同。

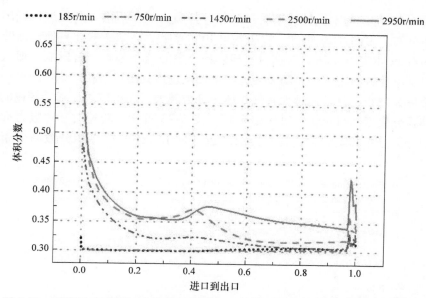

图6-21　不同转速下首级叶轮叶片吸力面0.5倍叶高处进口到出口的含气率分布

3. 转速对首级叶轮0.9倍叶高处进口到出口含气率分布规律的影响

图6-22所示为不同转速下首级叶轮叶片压力面0.9倍叶高处进口到出口的含气率分布。由图6-22可知，在首级叶轮叶片压力面0.9倍叶高处，当转速等于750r/min时气相体积分数最大，且从进口到出口气相体积分数逐渐减小，其余转速下的气相体积分数均较小，且基本相同。

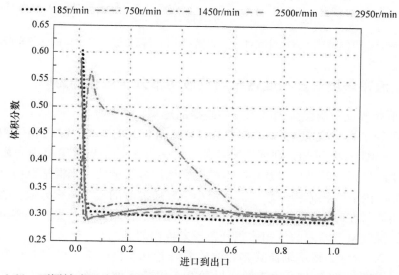

图6-22　不同转速下首级叶轮叶片压力面0.9倍叶高处进口到出口的含气率分布

图 6-23 所示为不同转速下首级叶轮叶片吸力面 0.9 倍叶高处进口到出口的含气率分布。由图 6-23 可知，在首级叶轮叶片吸力面 0.9 倍叶高处，当转速等于 185r/min 和 750r/min 时转速对气相体积分数的分布基本没有影响，即从进口到出口基本保持一定值，而随着转速的增加从进口到出口气相体积分数先减小再增大最后又减小，且转速越大其气相体积分数越大，在出口段，随着转速的增加气相体积分数增大得更快。对比图 6-18 ～ 图 6-23 可知，转速对叶片吸力面的气相体积分数分布影响较大，特别是对靠近叶片出口的气相体积分数的分布影响最大。

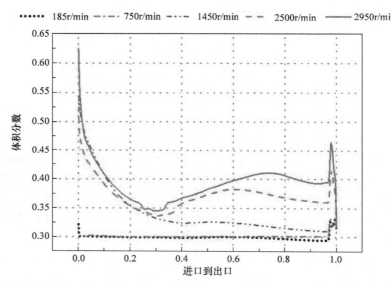

图 6-23　不同转速下首级叶轮叶片吸力面 0.9 倍叶高处进口到出口的含气率分布

6.1.4　液相黏度对多相混输泵内气液两相分布规律的影响

1. 液相黏度对混输泵内气相分布规律的影响

图 6-24 所示为螺旋轴流式多相混输泵叶轮 0.1 倍叶高处的气相体积分数分布云图。由图 6-24 可知，在混输泵叶轮 0.1 倍叶高处，当混输泵内介质为轻质油时叶轮出口到导叶进口以及导叶内的气相体积分数较大，当混输泵内介质为中质油时导叶内的气相体积分数较大，但小于轻质油时的气相体积分数，当混输泵内为重质油时在叶轮整个流道内的气相体积分布非常均匀。可见，随着液相黏度的增加，混输泵叶轮内的气相体积分布越来越均匀。

图 6-25 所示为螺旋轴流式多相混输泵叶轮 0.5 倍叶高处的气相体积分数分布云图。由图 6-25 可知，在混输泵叶轮 0.5 倍叶高处，当混输泵内介质为轻质

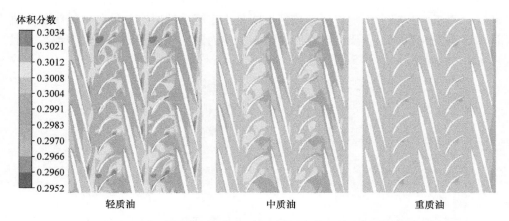

图 6-24　多相混输泵叶轮 0.1 倍叶高处的气相体积分数分布云图

油时气相体积分数较大的区域主要集中在导叶内，且从首级到末级该区域逐渐缩小，当混输泵内介质为中质油时导叶内的气相体积分数较大，但明显小于轻质油时的气相体积分数，当混输泵内为重质油时在叶轮整个流道内的气相体积分布同样非常均匀。可见，在混输泵叶轮轮毂和 0.5 倍叶高处，液相黏性越大对叶轮内气相体积分布的影响越小，反之影响越大。

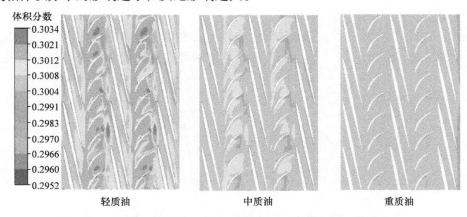

图 6-25　多相混输泵叶轮 0.5 倍叶高处的气相体积分数分布云图

图 6-26 所示为螺旋轴流式多相混输泵叶轮 0.9 倍叶高处的气相体积分数分布云图。由图 6-26 可知，在混输泵叶轮 0.9 倍叶高处，当混输泵内介质为轻质油时气相体积分数较大的区域主要集中在叶轮进口区域，且该区域靠近叶轮叶片的吸力面，该区域从首级到末级逐渐减小，还可以看出，当混输泵内介质为轻质油时叶轮出口和导叶出口吸力面附近出现局部低气相体积分布区域。由图 6-26 还可以看出，当混输泵内介质为中质油时气相体积分数较大的区域主要集中在叶

轮进口靠近叶片吸力面附近，但该区域明显小于轻质油时对应的高气相体积分数区域，当混输泵内为重质油时在叶轮整个流道内的气相体积分布也较为均匀，但不如0.1倍叶高处和0.5倍叶高处。

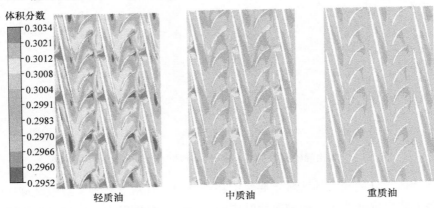

图6-26　多相混输泵叶轮0.9倍叶高处的气相体积分数分布云图

综合图6-24～图6-26可知，液相黏度越小对混输泵叶轮内的气相体积分布影响越大。因此，当混输泵输送介质为高黏度的气液两相介质时，混输泵内的气相体积分布将呈现较好的均匀性。

图6-27所示为不同液相黏度下螺旋轴流式多相混输泵叶轮内的气相体积分数分布规律。由图6-27可知，随着液相黏度的增大混输泵叶轮内的气相体积分

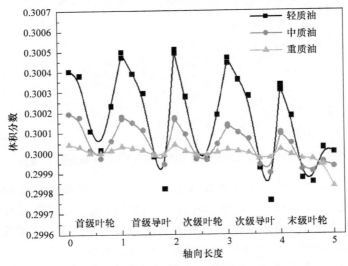

图6-27　不同液相黏度下多相混输泵叶轮内的气相体积分数分布

数脉动变小，特别是当介质为重质油时混输泵叶轮内的气相体积分数从混输泵叶轮进口到出口基本保持不变，这和上述分析结果相一致，说明液相黏度的增加可提高混输泵叶轮内气相体积分布的均匀性，从而改善混输泵的性能，即多相混输泵更有利于输送液相黏度较大的气液混合物。

2. 液相黏度对混输泵内液相分布规律的影响

图 6-28 所示为螺旋轴流式多相混输泵叶轮 0.1 倍叶高处的液相分布云图。由图 6-28 可知，在混输泵叶轮 0.1 倍叶高处，当介质为轻质油时液相主要集中在导叶出口到叶轮进口附近的区域，当介质为中质油时液相主要集中在叶轮内，而当介质为重质油时混输泵叶轮内的液相分布非常均匀。对比图 6-24 可以看出，液相集中的区域刚好是气相分布较少的区域，而气相分布较多的区域刚好也是液相分布较少的区域，可见，不同的液相黏度对混输泵叶轮 0.1 倍叶高处的气液两相相互作用机理产生较大的影响。

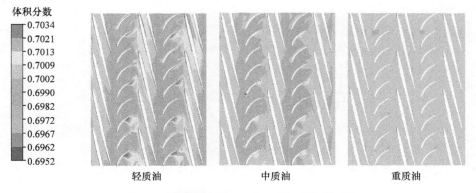

体积分数
- 0.7034
- 0.7021
- 0.7013
- 0.7009
- 0.7002
- 0.6990
- 0.6982
- 0.6972
- 0.6967
- 0.6962
- 0.6952

轻质油　　　　　　　中质油　　　　　　　重质油

图 6-28　多相混输泵叶轮 0.1 倍叶高处的液相分布云图

图 6-29 所示为螺旋轴流式多相混输泵叶轮 0.5 倍叶高处的液相分布云图。由图 6-29 可知，在混输泵叶轮 0.5 倍叶高处，当介质为轻质油和中质油时液相主要集中在叶轮内，而当介质为重质油时混输泵叶轮内的液相分布也较为均匀。对比图 6-25 可以看出，气相分布和液相分布也刚好相反，也体现了液相和气相之间存在相互作用。

图 6-30 所示为螺旋轴流式多相混输泵叶轮 0.9 倍叶高处的液相分布云图。由图 6-30 可知，在混输泵叶轮 0.9 倍叶高处，当介质为轻质油时液相主要集中在叶轮出口和导叶出口靠近吸力面的区域，而对比图 6-26 可知这些区域刚好是气相分布较少的区域，当介质为中质油时液相也主要集中在叶轮出口和导叶出口靠近吸力面的区域，但与轻质油时相比该区域明显缩小，而当介质为重质油时混输泵叶轮内的液相分布相对轻质油和中质油时较为均匀，但在叶轮出口开始出现液相聚集现象。

体积分数

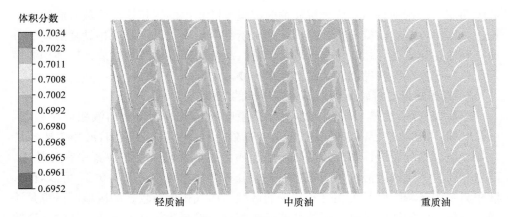

图 6-29　多相混输泵叶轮 0.5 倍叶高处的液相分布云图

体积分数

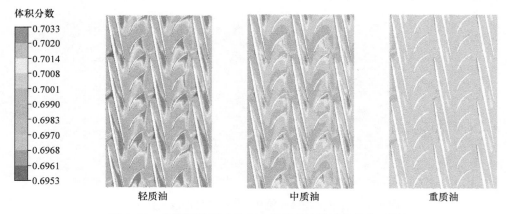

图 6-30　多相混输泵叶轮 0.9 倍叶高处的液相分布云图

综合上述关于混输泵叶轮内的气相体积分布和液相分布可知，气相体积分数较大的区域其液相分布较少，而气相体积分数较小的区域其液相分布较多，可见在混输泵叶轮内存在明显的气液两相相互作用，且在离心力的作用下，越靠近轮缘液相越集中，越靠近轮毂气相越集中。

3. 黏度对首级叶轮进口到出口气相体积分布规律的影响

图 6-31 所示为不同黏度下混输泵首级叶轮叶片压力面 0.1 倍叶高处进口到出口气相体积分布。由图 6-31 可知，在混输泵首级叶轮叶片压力面 0.1 倍叶高处，在叶片压力面进口处液相的黏度越大其气相体积分数反而越小，且在不同黏度下从叶片压力面进口到叶片压力面中部其气相体积分数逐渐减小，从叶片压力面中部到叶片压力面出口液相黏度对气相体积分数基本没有影响。可见，在混输泵首级叶轮叶片压力面 0.1 倍叶高处液相黏度主要影响叶片压力面进口段的气相

体积分数。

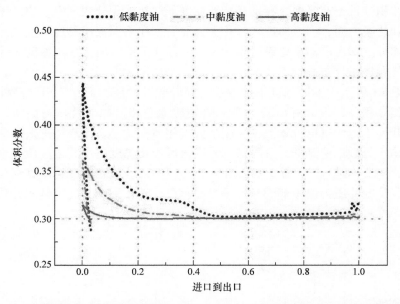

图 6-31 不同黏度下混输泵首级叶轮叶片压力面 0.1 倍叶高处进口到出口气相体积分布

图 6-32 所示为不同黏度下混输泵首级叶轮叶片吸力面 0.1 倍叶高处进口到出口气相体积分布。由图 6-32 可知，在混输泵首级叶轮叶片吸力面 0.1 倍叶高

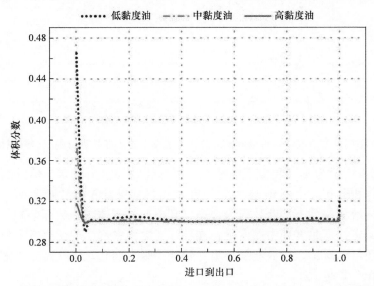

图 6-32 不同黏度下混输泵首级叶轮叶片吸力面 0.1 倍叶高处进口到出口气相体积分布

处，在叶片吸力面进口位置液相黏度越大气相体积越小，但流体进入叶片吸力面后气相体积分数迅速降低，特别是在低黏度下气相体积分数下降最快。还可以看出，在叶片吸力面，当流体进入叶片吸力面后，在不同液相黏度下其气相体积分数基本相等，即在混输泵首级叶轮叶片吸力面0.1倍叶高处液相黏度对叶片吸力面上的气相体积分布影响不大。

图6-33所示为不同黏度下混输泵首级叶轮叶片压力面0.5倍叶高处进口到出口气相体积分布。由图6-33可知，在混输泵首级叶轮叶片压力面0.5倍叶高处，在叶片压力面进口位置液相黏度越大气相体积越小，但流体进入叶片压力面后气相体积分数迅速降低，且降低到最小值后液相黏度越小其最小值越小。还可以看出，从流体进入叶片压力面到叶片压力面中部，液相黏度越小其气相体积变化越大，从叶片压力面中部到叶片压力面出口，液相黏度对气相体积分数基本没有影响。

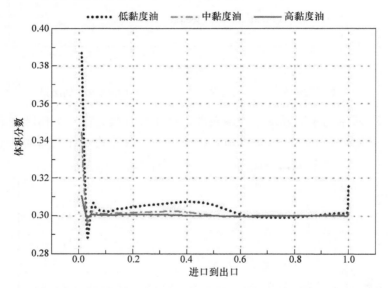

图6-33　不同黏度下混输泵首级叶轮叶片压力面0.5倍叶高处进口到出口气相体积分布

图6-34所示为不同黏度下混输泵首级叶轮叶片吸力面0.5倍叶高处进口到出口气相体积分布。由图6-34可知，在混输泵首级叶轮叶片吸力面0.5倍叶高处，在不同液相黏度下从叶片吸力面进口到出口气相体积分数逐渐减小，最后趋于平稳，其中在低黏度和中黏度下，在叶片吸力面中部出现了突变，但之后又逐渐减小。还可以看出，在混输泵首级叶轮叶片吸力面0.5倍叶高处，液相黏度越小气相体积分数越大。

图6-35所示为不同黏度下混输泵首级叶轮叶片压力面0.9倍叶高处进口到

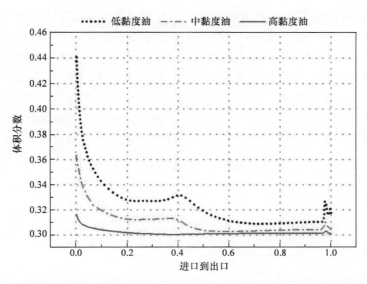

图 6-34　不同黏度下混输泵首级叶轮叶片吸力面 0.5 倍叶高处进口到出口气相体积分布

出口气相体积分布。由图 6-35 可知，在混输泵首级叶轮叶片压力面 0.9 倍叶高
处，除了叶片压力面进口气相体积分数的变化规律与其他叶片上的气相体积分数
变化规律类似之外，在叶片压力面中部液相黏度对气相体积分布略有影响，在叶
片压力面进口段和出口段基本没有影响。

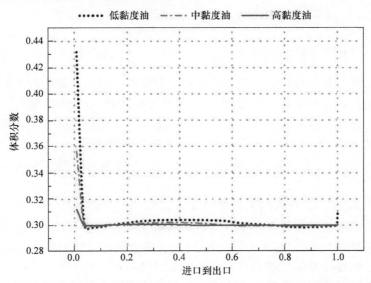

图 6-35　不同黏度下混输泵首级叶轮叶片压力面 0.9 倍叶高处进口到出口气相体积分布

图 6-36 所示为不同黏度下混输泵首级叶轮叶片吸力面 0.9 倍叶高处进口到出口气相体积分布。由图 6-36 可知,在混输泵首级叶轮叶片吸力面 0.9 倍叶高处,当液相介质为低黏度油和中黏度油时,叶片吸力面上的气相体积分数从进口到出口先迅速减小,然后逐渐增加到一定值后又开始缓慢减小,在出口处由于动静干涉的影响出现了突变,但是在低黏度油时的气相体积分数的变化大于中黏度油时的气相体积分数变化。还可以看出,当液相介质为高黏度油时,叶片吸力面上的气相体积分数从进口开始缓慢减小,到叶片吸力面中部以后基本没有变化。

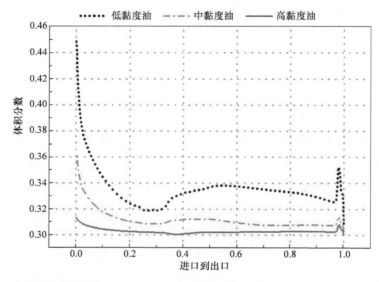

图 6-36 不同黏度下混输泵首级叶轮叶片吸力面 0.9 倍叶高处进口到出口气相体积分布

综合上述分析结果可知,液相黏度越小对混输泵首级叶轮叶片上的气相体积分数影响越大,且对靠近轮缘处吸力面上的气相体积分数影响越大。还可以看出,在不同黏度下混输泵首级叶轮叶片进口附近的气相体积分数变化最大。

4. 黏度对首级叶轮轮毂到轮缘气相体积分布规律的影响

图 6-37 所示为不同黏度下混输泵首级叶轮进口截面轮毂到轮缘的气相体积分布。

由图 6-37 可知,在混输泵首级叶轮进口截面,从轮毂到轮缘其气相体积分数先增大后减小,之后又开始增加,增加到最大值后又减小,且液相黏度越小减小越快。主要原因由图 6-24 ~ 图 6-26 可知,在首级叶轮进口截面,液相黏度越小且越接近轮缘位置其气相体积越大,因此图 6-37 中的 0.9 倍叶高附近呈现液相黏度越小气相体积分数越大的现象,分析根本原因主要是流体从吸入室流出的瞬间还未受到离心力的作用,这时由于液相黏度的不同,液相黏度越大流速越

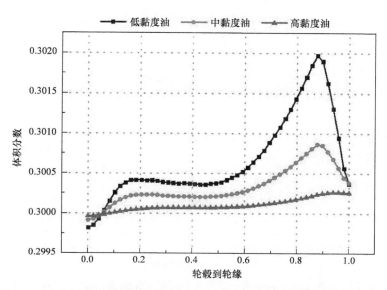

图 6-37　不同黏度下混输泵首级叶轮进口截面轮毂到轮缘的气相体积分布

慢，导致气液混合物的平均流速也相应减小，因此气液两相受到速度环量的影响也就越小，从而出现液相黏度越小且越接近轮缘气相体积分数越大的现象，但到轮缘位置时，由于液相对气相的排挤作用越强，气相呈突然下降的趋势。还可以看出，除了在靠近轮毂处液相黏度越大气相体积分数较大之外，在其他位置均是随着液相黏度的增加其气相体积分数减小，且越靠近轮缘该现象越明显。

　　图 6-38 所示为不同黏度下混输泵首级叶轮中间截面轮毂到轮缘的气相体积分布。由图 6-38 可知，在混输泵首级叶轮中间截面，当液相介质为低黏度油和中黏度油时，从轮毂到轮缘，其气相体积分数先减小后缓慢增加到一定值后又开始减小，且液相黏度越小减小越快；当液相介质为高黏度油时从轮毂到轮缘，其气相体积分数逐渐减小且到接近轮缘时减小较快。还可以看出，从 0.3 倍叶高处开始，越接近轮缘气相体积分数变化越大，且液相黏度越小气相体积分数变化越大，其气相体积分数值也增加越快，到轮缘处，液相黏度越小反倒其气相体积分数越小。

　　图 6-39 所示为不同黏度下混输泵首级叶轮出口截面轮毂到轮缘的气相体积分布。由图 6-39 可知，在混输泵首级叶轮出口截面，在不同液相黏度下从轮毂到 0.9 倍叶高处的气相体积分数变化很小，但到轮缘处液相黏度越小其气相体积分数下降越快，且液相黏度越大其气相体积分数也越大。还可以看出，从轮毂到 0.9 倍叶高处液相黏度越小其气相体积分数越大。

　　综合图 6-37 ~ 图 6-39 可知，在不同液相黏度下，混输泵首级叶轮各径向截面越接近轮缘其气相体积分数变化越大，且总体看来液相黏度越小对气相体积分

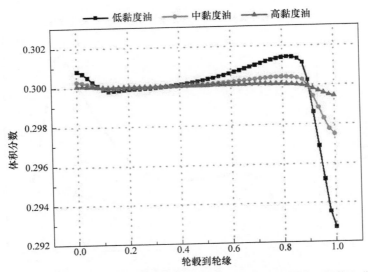

图 6-38　不同黏度下混输泵首级叶轮中间截面轮毂到轮缘的气相体积分布

数的影响越大，这和上述分析结果相一致。

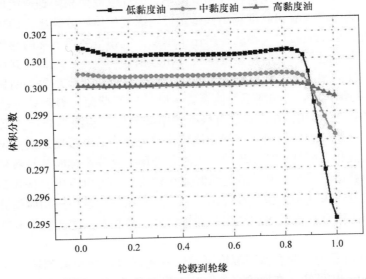

图 6-39　不同黏度下混输泵首级叶轮出口截面轮毂到轮缘的气相体积分布

6.1.5　不同增压单元叶轮内气液两相分布规律

1. 不同增压单元叶轮进口到出口含气率的分布规律

图 6-40 所示为不同增压单元叶轮叶片压力面 0.1 倍叶高处进口到出口的含

气率分布。由图6-40可知，在不同增压单元叶轮叶片压力面0.1倍叶高处，首级叶轮叶片压力面上的气相体积分数最大，特别是在进口段的气相体积与次级和末级的气相体积相差较大。还可以看出，在次级和末级叶轮叶片压力面上的气相体积分数基本相同。另外，图6-40中0.4倍叶高处出现突变，说明叶片压力面上的该位置还需要进一步优化来提高气相分布的均匀性，特别是次级和末级相应位置。因此该多相混输泵的每级叶轮的几何尺寸应该不完全相同，应针对每级叶轮内的流动情况单独进行设计。

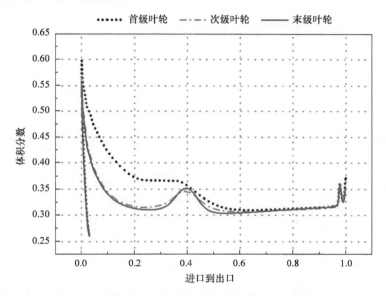

图6-40　不同增压单元叶轮叶片压力面0.1倍叶高处进口到出口的含气率分布

图6-41所示为不同增压单元叶轮叶片吸力面0.1倍叶高处进口到出口的含气率分布。由图6-41可知，在不同增压单元叶轮叶片吸力面0.1倍叶高处，从进口到出口的气相体积分数基本相等。结合图6-40和图6-41可知，在叶片0.1倍叶高处只有首级叶轮叶片压力面上的气相体积分数最大。

图6-42所示为不同增压单元叶轮叶片压力面0.5倍叶高处进口到出口的含气率分布。由图6-42可知，在不同增压单元叶轮叶片压力面0.5倍叶高处，从进口到出口首级叶轮叶片压力面上的气相体积分数最大，但与0.1倍叶高处压力面不同的是：在0.1倍叶高处压力面的中间位置有突变，而在0.5倍叶高处压力面上气相体积的变化相对较为平缓；且在0.1倍叶高处压力面进口段的气相体积分数与次级和末级的气相体积分数相差较大，而在0.5倍叶高处压力面进口段的气相体积分数与次级和末级的气相体积分数相差相对较小。

图6-43所示为不同增压单元叶轮叶片吸力面0.5倍叶高处进口到出口的含

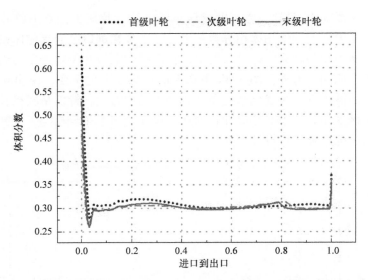

图 6-41　不同增压单元叶轮叶片吸力面 0.1 倍叶高处进口到出口的含气率分布

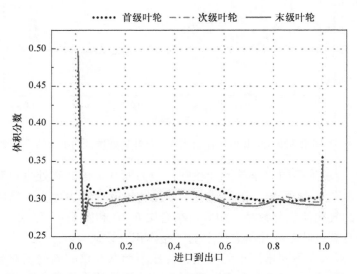

图 6-42　不同增压单元叶轮叶片压力面 0.5 倍叶高处进口到出口的含气率分布

气率分布。由图 6-43 可知，在不同增压单元叶轮叶片吸力面 0.5 倍叶高处，从进口到出口首级叶轮叶片吸力面上的气相体积分数比次级和末级大，这与图 6-41 的分布规律相差较大。可见，在 0.5 倍叶高处叶片吸力面上的气相体积分数在不同叶轮上的分布情况将发生变化。

图 6-44 所示为不同增压单元叶轮叶片压力面 0.9 倍叶高处进口到出口的含

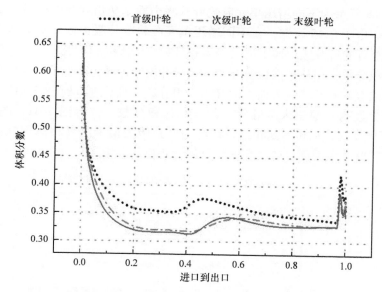

图 6-43　不同增压单元叶轮叶片吸力面 0.5 倍叶高处进口到出口的含气率分布

气率分布。由图 6-44 可知，在不同增压单元叶轮叶片压力面 0.9 倍叶高处，各叶轮叶片压力面上的气相体积分数基本相等。对比图 6-40、图 6-42 和图 6-44 可以发现，从轮毂到轮缘，首级叶轮叶片压力面上的气相体积分数与次级和末级叶轮叶片压力面上的气相体积分数的差值逐渐减小。

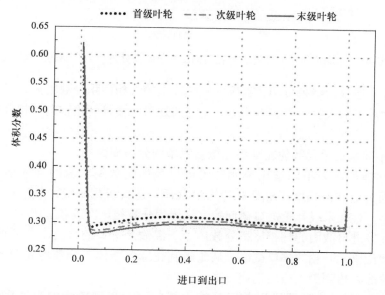

图 6-44　不同增压单元叶轮叶片压力面 0.9 倍叶高处进口到出口的含气率分布

图 6-45 所示为不同增压单元叶轮叶片吸力面 0.9 倍叶高处进口到出口的含气率分布。由图 6-45 可知，在不同增压单元叶轮叶片吸力面 0.9 倍叶高处，在进口段首级叶轮叶片吸力面上的气相体积分数小于次级和末级叶轮叶片吸力面上的气相体积分数，而从中间位置开始，首级叶轮叶片吸力面上的气相体积分数大于次级和末级叶轮叶片吸力面上的气相体积分数，且从进口到出口次级叶轮上的气相体积分数基本等于末级叶轮上的气相体积分数。结合图 6-41、图 6-43 和图 6-45 可以发现，从轮毂到轮缘首级叶轮叶片吸力面上的气相体积分数与次级和末级叶轮叶片吸力面上的气相体积分数的差值逐渐增加。

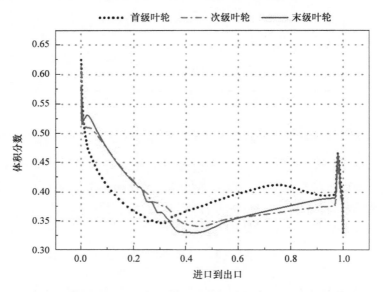

图 6-45　不同增压单元叶轮叶片吸力面 0.9 倍叶高处进口到出口的含气率分布

综合上述分析结果可知，首级叶轮叶片上的气相体积分数较大，而次级和末级叶轮叶片上的气相体积基本相等，这和前述对混输泵叶轮轴向气相分布规律相一致。

2. 不同增压单元叶轮轮毂到轮缘含气率的分布规律

图 6-46 所示为不同增压单元叶轮进口截面轮毂到轮缘的含气率分布。由图 6-46 可知，在不同增压单元叶轮进口截面，从首级到末级，其气相体积分数逐渐减小，且在末级叶轮进口截面的气相体积分数相比次级和首级要小很多，同时末级叶轮进口截面的气相体积分数还小于混输泵进口的含气率。还可以看出，在不同增压单元叶轮的进口截面，从轮毂到轮缘气相体积分数均先增大后减小，在靠近轮缘处达到最大值后迅速下降。

图 6-47 所示为不同增压单元叶轮中间截面轮毂到轮缘的含气率分布。由

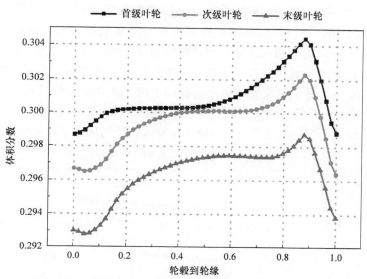

图6-46　不同增压单元叶轮进口截面轮毂到轮缘的含气率分布

图6-47可知，与不同增压单元叶轮进口截面的变化规律类似，在不同增压单元叶轮中间截面，从首级到末级其气相体积分数逐渐减小。但与进口截面不同的是，从轮毂到轮缘，气相体积分数先减小后缓慢增加到一定值后又迅速下降。可见，在不同增压单元叶轮中间截面上的轮毂和轮缘的中间段气相体积分数变化均匀。

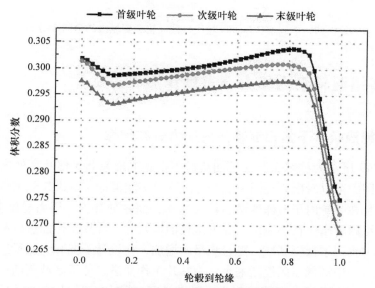

图6-47　不同增压单元叶轮中间截面轮毂到轮缘的含气率分布

图 6-48 所示为不同增压单元叶轮出口截面轮毂到轮缘的含气率分布。由图 6-48可以看出，与进口截面和中间截面上的变化规律类似，在不同增压单元叶轮出口截面，从首级到末级其气相体积分数逐渐减小。但与进口截面和中间截面不同的是，在出口截面从轮毂到轮缘气相体积分数除了末级先减小再缓慢增加后又迅速减小外，首级和次级叶轮出口截面上的气相体积分数从轮毂到靠近轮缘变化很小，直到接近轮缘后才迅速下降。结合图 6-46～图 6-48 可知，在不同增压单元叶轮进口截面到出口截面，其气相体积分数的变化从首级到末级逐渐减小。

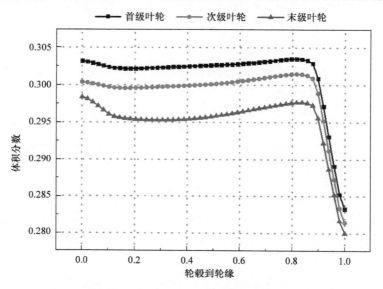

图 6-48 不同增压单元叶轮出口截面轮毂到轮缘的含气率分布

6.2 多相混输泵内压力分布规律

6.2.1 纯液条件下多相混输泵内压力分布规律

图 6-49 所示为纯水工况在不同流量下多相混输泵 0.5 倍叶高处内静压分布云图，从图中可以看出，在同一流量工况下，多相混输泵从进口到出口压力均逐渐增加，且在叶轮内压力梯度增加较为明显，而在导叶内，压力梯度变化不大；从图中还可以看出，在小流量工况下多相混输泵叶轮叶片工作面进口和背面进口以及中部均出现了低压区域，随着流量的增加，在设计工况和大流量工况下，叶片背面进口和中部低压区逐渐缩小，而叶片工作面进口低压区域逐渐扩大；导叶区域工作面压力明显大于背面压力，随着流量的增加，导叶进口逐渐出现低压

区，且该区域逐渐扩大。

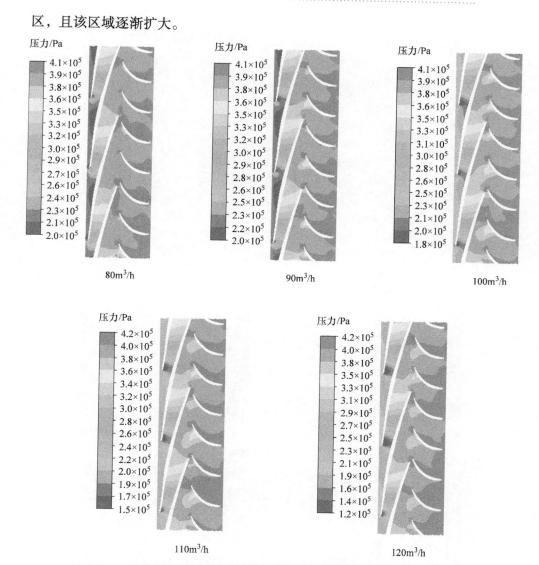

图6-49　纯水工况不同流量下多相混输泵0.5倍叶高处内静压分布云图

图6-50所示为纯油工况不同叶高下的多相混输泵内静压分布云图。从图中可以看出，从叶轮的进口到出口压力逐渐增加，在叶轮与导叶的交界处存在局部高压区。随着叶高和介质黏度的增加，叶轮和导叶之间的局部高压区域逐渐扩大，压力逐渐提升。同时还可以看出，当输送介质为轻质油时，从轮毂到轮缘在多相混输泵导叶的背面存在局部低压，随着叶高的增加，低压区逐渐缩小，直至消失。

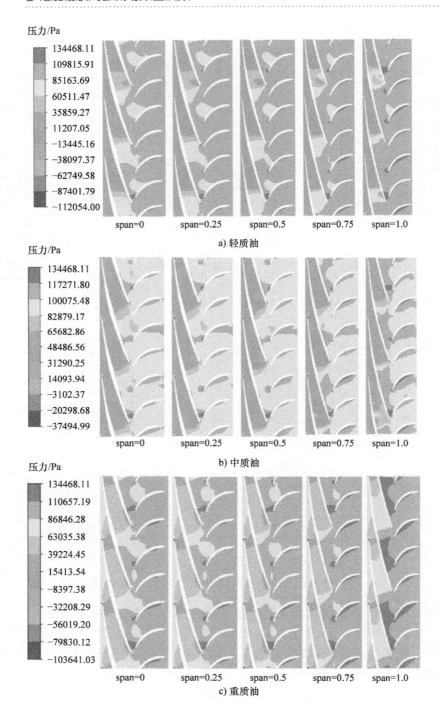

图 6-50　纯油工况不同叶高下多相混输泵内静压分布云图

注：span = 0 表示检测位置在叶片与轮毂交线处，span = 1.0 表示检测位置在叶片轮缘处。

图 6-51 所示为纯油工况在不同液相黏度下多相混输泵叶轮内的局部压力分布云图，P1 为叶片后缘处的局部位置，P2 为叶片前缘处的局部位置。从图中可以看出在低黏度工况下压力梯度分布最为均匀，随着介质黏度的增加，轮毂处的压力分布变得较为紊乱。当介质为中质油时靠近轮毂出口处的静压值达到最大，增压效果最为明显。同时还发现，不同液相黏度下在叶片前缘 P2 及叶片后缘 P1 处压差较大，差值在 10～20kPa 范围，因此后续计算叶片应力应变时应加强此部分的计算。

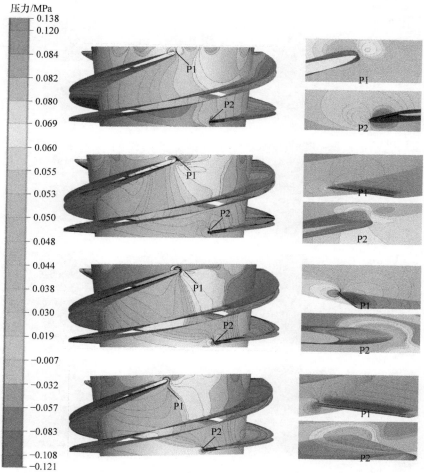

图 6-51　纯油工况不同液相黏度下多相混输泵叶轮内的局部压力分布云图

图 6-52 所示为在不同介质黏度下多相混输泵导叶内的局部压力分布云图，P2 为导叶进口处的局部位置，P1 为导叶出口处的局部位置。从图中可以看出，在导叶的轮毂靠近进口处存在局部低压区，且当介质为轻质油和重质油时低压区

域最为明显。随着介质黏度的增加，导叶流道内靠近轮毂处的压力分布变得较为紊乱，这是由于随着介质黏性的增加，运输介质与轮毂表面的相互作用力增强导致的。同时还发现，在叶片工作面靠近轮缘处存在较大的压力分布，随着介质黏度的增加，最大压力区域从叶片的进口向叶片的出口移动，且主要分布在叶片压力面轮缘处。还可以看出，在叶片的前缘处压力达到最大，在叶片的后缘处压力最小。

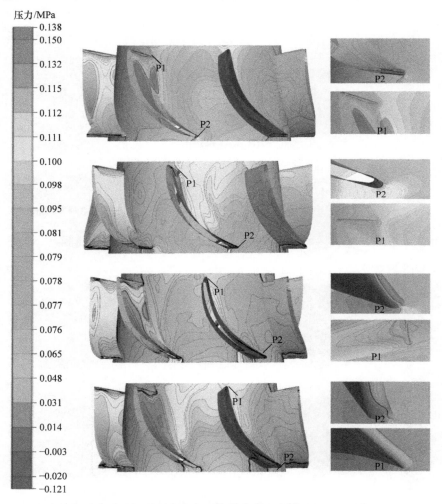

图 6-52　不同介质黏度下多相混输泵导叶内的局部压力分布云图

综合图 6-51 和图 6-52 可知，在不同工况下从叶轮的进口到出口压力分布逐渐增加，且在低黏度工况下压力梯度分布较为均匀。随着介质黏度的增加，轮毂处的压力分布较为紊乱，当介质为中质油时，靠近轮毂出口处的静压值达到最大，增压效果更加明显。从图中可以看出，在导叶内的轮毂靠近进口处存在局部低压区，且当介质为轻质油和重质油时低压区域最为明显。

6.2.2　液相黏度对多相混输泵内压力分布规律的影响

本节选用轻质油、中质油和重质油三种类型的液相进行相关研究，选取气相为空气，进口含气率为30%，流量为100m³/h。

图6-53所示为螺旋轴流式多相混输泵叶轮0.1倍叶高处的压力分布云图。由图6-53可知，在不同黏度下从混输泵首级叶轮进口到末级叶轮出口压力逐渐增加，且随着液相黏度的增加混输泵叶轮0.1倍叶高处的最大压力区域逐渐缩小。还可以看出，在介质为轻质油时混输泵末级导叶内的压力大于介质为中质油和重质油时混输泵末级导叶内的压力。可见，在混输泵轮毂附近，液相黏度越小对叶轮内的压力分布影响越大，而液相黏度高时混输泵叶轮内的压力变化不是很明显。

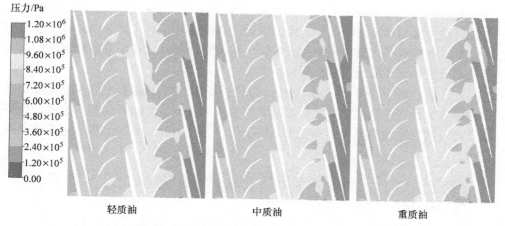

压力/Pa
- 1.20×10^6
- 1.08×10^6
- 9.60×10^5
- 8.40×10^5
- 7.20×10^5
- 6.00×10^5
- 4.80×10^5
- 3.60×10^5
- 2.40×10^5
- 1.20×10^5
- 0.00

轻质油　　　　　　　中质油　　　　　　　重质油

图6-53　螺旋轴流式多相混输泵叶轮0.1倍叶高处的压力分布云图

图6-54所示为螺旋轴流式多相混输泵叶轮0.5倍叶高处的压力分布云图。由图6-54可知，在混输泵叶轮0.5倍叶高处，随着液相黏度的增加，混输泵末级叶轮内的压力基本没有变化，而混输泵末级导叶内的压力逐渐减小，但从中质油到重质油减小不大，可见，在混输泵叶轮0.5倍叶高处，液相黏性主要影响混输泵末级导叶内的压力分布，但黏度越小影响越大，同样在中质油和重质油时对其影响较小。还可以看出，当介质为轻质油时在混输泵叶轮0.5倍叶高处的压力分布不如介质为中质油和重质油时均匀。

图6-55所示为螺旋轴流式多相混输泵叶轮0.9倍叶高处的压力分布云图。由图6-55可知，在混输泵叶轮0.9倍叶高处，随着液相黏度的增加，混输泵末

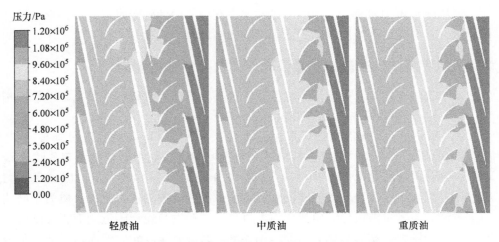

图 6-54　螺旋轴流式多相混输泵叶轮 0.5 倍叶高处的压力分布云图

级叶轮内的压力基本没有变化，而混输泵末级导叶和次级叶轮内的压力逐渐减小，但从中质油到重质油减小不大，可见，在混输泵叶轮 0.9 倍叶高处，液相黏性主要影响混输泵末级导叶和次级叶轮内的压力分布，且黏度越小影响越大，同样在中质油和重质油时对其影响较小。

综合图 6-53～图 6-55 可以看出，液相黏度越小对混输泵叶轮内的压力分布影响越大，而在中质油和重质油时对其影响较小，且从混输泵轮毂到轮缘，液相黏度对混输泵叶轮内压力分布的影响从末级叶轮出口逐渐向首级叶轮进口方向移动。

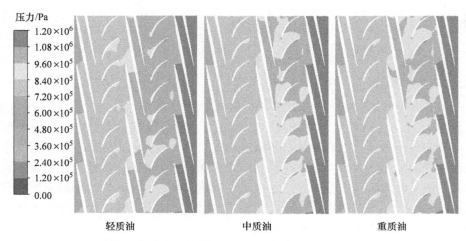

图 6-55　螺旋轴流式多相混输泵叶轮 0.9 倍叶高处的压力分布云图

　　图6-56所示为不同液相黏度下螺旋轴流式多相混输泵叶轮内的压力分布。由图6-56可知,在叶轮内的压力变化大于导叶内的压力变化;还可以看出,当介质为轻质油时混输泵叶轮内的压力最大,当介质为中质油和重质油时混输泵叶轮内的压力基本相同。

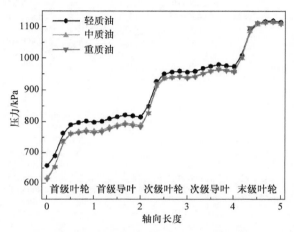

图6-56　不同液相黏度下螺旋轴流式多相混输泵叶轮内的压力分布

6.2.3　含气率对多相混输泵内压力分布规律的影响

　　图6-57所示为不同叶高处含气率对多相混输泵增压单元回转面压力分布的影响。从图6-57a中可以看出,随着含气率的增加,混输泵0.2倍叶高处的最大压力区域逐渐扩大。从图6-57中还可以看出,含气率对0.2倍叶高处首级和次级叶轮的静压分布影响较小,对末级叶轮的影响较大。这说明,混输泵从首级到末级,随着压力的增加,含气率对叶轮轮毂处压力的影响也逐渐增加。

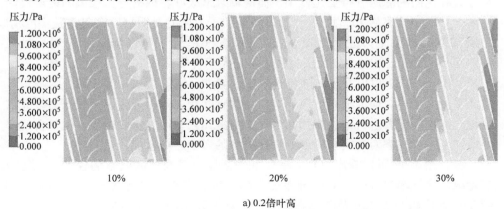

a) 0.2倍叶高

图6-57　不同叶高处含气率对多相混输泵增压单元回转面压力分布的影响

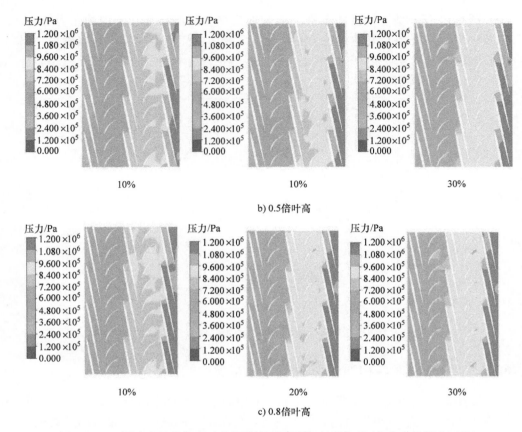

b) 0.5倍叶高

c) 0.8倍叶高

图 6-57　不同叶高处含气率对多相混输泵增压单元回转面压力分布的影响（续）

从图 6-57b 中可以看出，在混输泵 0.5 倍叶高处，随着含气率的增加，混输泵各级叶轮内的静压分布变化较小，而混输泵末级叶轮内的压力最大的区域逐渐扩大，其中含气率从 10% 增加到 20% 时最大压力区变化明显，含气率从 20% 增加到 30% 时最大压力区变化较小。这说明含气率从 10% 增加到 20% 对混输泵 0.5 倍叶高处增压单元的最大压力区域影响大于含气率从 20% 增加到 30%。

从图 6-57c 中可以看出，随着含气率的增加，混输泵 0.8 倍叶高处的静压分布几乎没有变化，而混输泵次级导叶出口靠近叶片工作面处逐渐出现压力较大的区域，这说明随着含气率的增加，含气率对混输泵轮缘处影响较小，但是含气率的增加使得含气率对混输泵轮缘处静压分布的影响区域增加。

综合图 6-57 可以看出，含气率对混输泵压力较大的区域影响较大，从轮毂到轮缘，含气率对混输泵静压分布的影响区域逐渐扩大，且含气率从 10% 增加到 20% 对混输泵静压分布的影响大于含气率从 20% 增加到 30%。

6.2.4　流量对多相混输泵内压力分布规律的影响

图6-58所示为不同流量下多相混输泵0.2倍叶高处增压单元回转面的静压分布云图。从图6-58中可以看出，在0.2倍叶高处，随着流量的增加，混输泵首级叶轮进口压力逐渐增加，末级叶轮的高压区逐渐缩小，这说明随着流量的增加，混输泵总的增压性能下降。从图6-58中还可以看出，流量对混输泵末级叶轮静压分布的均匀性影响明显大于首级叶轮和次级叶轮。

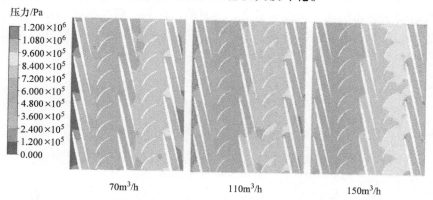

图6-58　不同流量下多相混输泵0.2倍叶高处增压单元回转面的静压分布云图

图6-59所示为不同流量下多相混输泵0.5倍叶高处增压单元回转面的静压分布云图。从图6-59中可以看出，在0.5倍叶高处，随着流量的增加，混输泵首级叶轮和首级导叶的压力逐渐增加，混输泵次级叶轮和次级导叶的压力几乎没有变化，而混输泵末级叶轮内压力较大的区域逐渐缩小，且混输泵末级叶轮进口工作面出现较小的局部高压区。这说明混输泵在小流量情况下首级叶轮进口容易产生空化，因此，该泵应尽量避免在偏设计工况较多的小流量下运行。

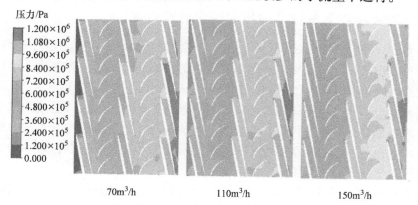

图6-59　不同流量下多相混输泵0.5倍叶高处增压单元回转面的静压分布云图

图 6-60 所示为不同流量下多相混输泵 0.8 倍叶高处增压单元回转面的静压分布云图，从图 6-60 中可以看出，在 0.8 倍叶高处，流量对混输泵增压单元内静压分布的影响与 0.2 倍叶高和 0.5 倍叶高相似，但是随着叶高的增加，混输泵首级叶轮进口的低压区逐渐缩小，混输泵末级叶轮的高压区逐渐扩大，这说明从轮毂到轮缘静压值逐渐增加。

综合图 6-58～图 6-60 可知，随着流量的增加，混输泵进口的低压区逐渐缩小，在小流量下该区域容易发生空化，在大流量下不容易空化，且流量对混输泵末级叶轮静压分布的均匀性影响最大，对首级叶轮和次级叶轮静压分布的均匀性影响较小。从轮毂到轮缘，随着叶高的增加，混输泵增压单元内的静压值也逐渐增加。

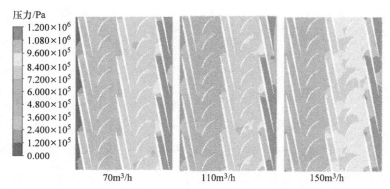

压力/Pa

1.200×10⁶
1.080×10⁶
9.600×10⁵
8.400×10⁵
7.200×10⁵
6.000×10⁵
4.800×10⁵
3.600×10⁵
2.400×10⁵
1.200×10⁵
0.000

70m³/h   110m³/h   150m³/h

图 6-60　不同流量下多相混输泵 0.8 倍叶高处增压单元回转面的静压分布云图

6.3　多相混输泵内速度分布规律

6.3.1　纯液条件下多相混输泵内速度分布规律

图 6-61 所示为纯水工况不同流量下多相混输泵 0.5 倍叶高处速度分布云图，从图中可看出，在叶轮区域，速度随着流量的增加逐渐减小，存在明显的速度梯度；在靠近叶轮叶片工作面区域，速度也逐渐减小；在靠近叶轮叶片背面区域，在小流量工况下，速度整体在逐渐减小，而随着流量的增加，该区域的速度呈现先增后减的趋势；在导叶内部存在较大的低速区域，且该区域与 6.4 节中导叶内旋涡的位置一致，在小流量工况下低速区域分布较为紊乱，随着流量的增加，该区域逐渐趋于稳定且逐渐减小。

图 6-62 所示为首级增压单元轴面速度矢量分布。从图 6-62 可知，流体在轴面流道内出现了一个或多个旋涡，在交界面处旋涡最为明显。受交界面的旋涡影

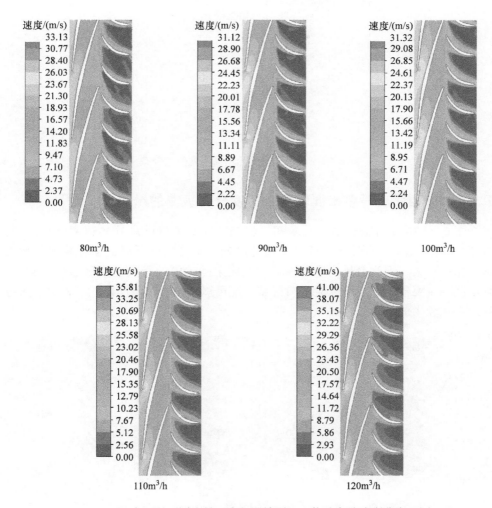

图 6-61 纯水工况不同流量下多相混输泵 0.5 倍叶高处速度分布云图

响，导叶前半流道有向轮毂方向旋转的回流涡。这是因为密度高的液相在叶轮旋转时受到了较大的离心力而向轮缘流动，而在导叶内随着离心力的影响消失，液相又渐渐地产生向轮毂运动的趋势。这使气液两相在动静交界面处发生掺混，从而形成了交界面处的轴面旋涡，受轴面旋涡的影响又形成了导叶入口较广的轴面涡现象。在叶轮内气相对液相的干扰作用较小，因此运动以轴向分量为主。气液两相密度的差异必然导致两相运动受到不同的扰动，密度高的液相惯性较大，具有更强的抗外界扰动的能力。

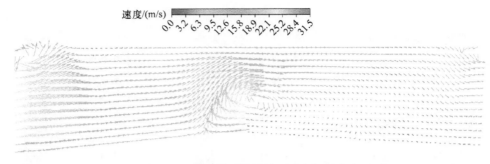

图 6-62　首级增压单元轴面速度矢量分布

6.3.2　液相黏度对多相混输泵内速度分布规律的影响

图 6-63 所示为螺旋轴流式多相混输泵叶轮 0.1 倍叶高处的速度分布云图。由图 6-63 可知，在混输泵叶轮 0.1 倍叶高处，不同黏度下混输泵叶轮内的最大速度相差不大，但当介质为重质油时，混输泵叶轮内的最大速度区域相对较大，且该区域主要集中在每级叶轮进口区域。还可以看出，在不同黏度下，混输泵导叶内存在较大的低速区。

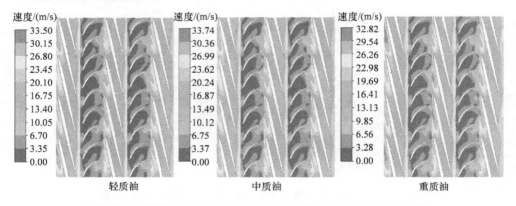

图 6-63　螺旋轴流式多相混输泵叶轮 0.1 倍叶高处的速度分布云图

图 6-64 所示为螺旋轴流式多相混输泵叶轮 0.5 倍叶高处的速度分布云图。由图 6-64 可知，在混输泵叶轮 0.5 倍叶高处，不同黏度下混输泵叶轮内的速度分布基本相同，但当介质为重质油时，混输泵叶轮内的最大速度区域相对低黏度时略有增大。同样，在混输泵叶轮 0.5 倍叶高处，在不同黏度下混输泵导叶内也存在较大的低速区，但相比 0.1 倍叶高处导叶内的低速区较小。

图 6-65 所示为螺旋轴流式多相混输泵叶轮 0.9 倍叶高处的速度分布云图。由图 6-65 可知，在混输泵叶轮 0.9 倍叶高处，不同黏度下混输泵叶轮内的速度

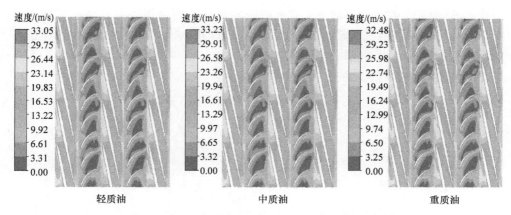

图 6-64　螺旋轴流式多相混输泵叶轮 0.5 倍叶高处的速度分布云图

分布也基本相同，但相比 0.1 倍叶高处和 0.5 倍叶高处，当介质为重质油时混输泵叶轮 0.9 倍叶高处的最大速度略有减小。同样，在混输泵叶轮 0.9 倍叶高处，在不同黏度下混输泵导叶内也存在低速区，但与 0.1 倍叶高处和 0.5 倍叶高处相比，0.9 倍叶高处导叶内的低速区明显缩小，且在靠近叶轮叶片吸力面的位置也出现低速区。

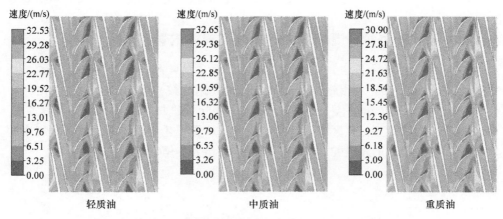

图 6-65　螺旋轴流式多相混输泵叶轮 0.9 倍叶高处的速度分布云图

综合图 6-63 ~ 图 6-65 可知，黏度对多相混输泵叶轮内的速度分布影响较小，在研究过程中可不予考虑。还可以看出，在不同黏度下从混输泵叶轮轮毂到轮缘，叶轮内的高速区变化不大，但低速区变化明显，即在轮毂位置低速区主要集中在导叶内，而随着越靠近轮缘，导叶内的低速区逐渐缩小而叶轮内的低速区逐渐扩大。

图 6-66 所示为不同液相黏度下螺旋轴流式多相混输泵叶轮内的速度分布。

由图 6-66 可知，在不同黏度下，在每级叶轮和导叶的交界处存在速度突变。还可以看出，在每级增压单元内，速度从叶轮进口到导叶出口均逐渐减小，这是因为在每级增压单元内动能转换成了流体的压力能。由图 6-66 还可以看出，不同液相黏度对混输泵内速度的分布基本没有影响。

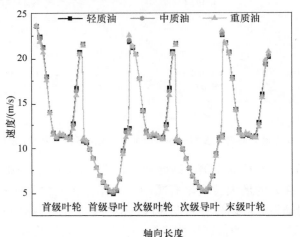

图 6-66　不同液相黏度下螺旋轴流式多相混输泵叶轮内的速度分布

6.3.3　含气率对多相混输泵内速度分布规律的影响

图 6-67 所示为不同含气率下多相混输泵 0.2 倍叶高处的速度分布云图，从图 6-67 中可以看出，在混输泵 0.2 倍叶高处，速度较小的区域主要集中在导叶内，且该区域几乎占据了导叶的整个流道，在叶轮进口存在局部速度较大的区域，随着含气率的变化该区域几乎没有变化。从图中还可以看出，随着含气率的增加，混输泵增压单元内的最大速度先减小再增大，但变化幅值较小。

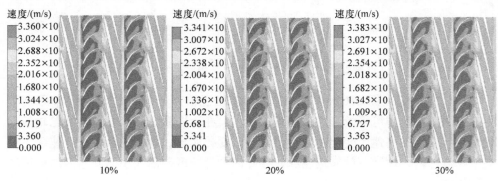

图 6-67　不同含气率下多相混输泵 0.2 倍叶高处的速度分布云图

图 6-68 所示为不同含气率下多相混输泵 0.5 倍叶高处的速度分布云图。从图 6-68 中可以看出，在 0.5 倍叶高处，不同含气率下混输泵内的速度分布云图基本相同，且随着含气率的增加，混输泵 0.5 倍叶高处的最大速度先增大再减小，相比 0.2 倍叶高处的速度云图可以发现，混输泵 0.5 倍叶高处导叶内速度较小的区域逐渐缩小，且同一含气率下 0.2 倍叶高处增压单元内的最大速度均大于 0.5 倍叶高处增压单元内的最大速度。

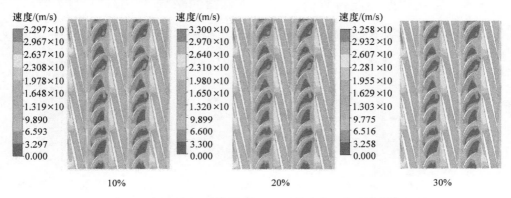

图 6-68　不同含气率下多相混输泵 0.5 倍叶高处的速度分布云图

图 6-69 所示为不同含气率下多相混输泵 0.8 倍叶高处的速度分布云图。从图 6-69 中可以看出，在 0.8 倍叶高处，不同含气率下增压单元内的最大速度逐渐减小，且相比于 0.2 倍叶高和 0.5 倍叶高，混输泵导叶内速度较小的区域进一步缩小并聚集在导叶出口非工作面处，同时在叶轮进口靠近非工作面也出现低速区。这说明含气率对混输泵增压单元内的速度分布影响较小，随着叶高的增加，混输泵增压单元内速度较低的区域明显缩小。

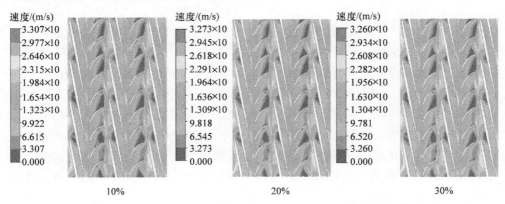

图 6-69　不同含气率下多相混输泵 0.8 倍叶高处的速度分布云图

综合图 6-67 ~ 图 6-69 可以看出，含气率对混输泵增压单元内的速度分布影响较小，以后在研究含气率从 10% 变化到 30% 的过程时可以不考虑含气率对混输泵增压单元内速度分布的影响。在不同含气率下，混输泵增压单元内的最大流速相差不大，但是混输泵增压单元内的低压区随着叶高的变化非常明显，随着叶高的增加，增压单元内的低压区逐渐缩小且向级间移动。

6.3.4　流量对多相混输泵内速度分布规律的影响

图 6-70 所示为不同流量下多相混输泵 0.2 倍叶高处回转面的速度分布云图。

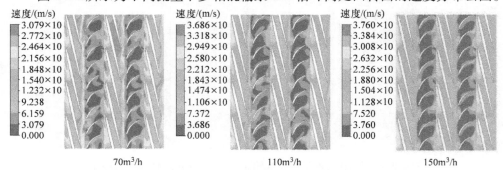

图 6-70　不同流量下多相混输泵 0.2 倍叶高处回转面的速度分布云图

从图 6-70 中可以看出，在 0.2 倍叶高处，随着流量的增加，混输泵内的最大速度逐渐增加，混输泵各级叶轮进口处的局部速度较大的区域逐渐消失，混输泵导叶内的速度较小的区域逐渐扩大，且混输泵叶轮和导叶内的速度分布更加均匀，这说明在大流量下有利于混输泵内部流动的均匀性。

图 6-71 所示为不同流量下多相混输泵 0.5 倍叶高处回转面的速度分布云图。从图 6-71 中可以看出，在 0.5 倍叶高处，随着流量的增加，混输泵内速度的变化趋势和 0.2 倍叶高处相同，但是在 0.5 倍叶高处，混输泵叶轮进口处的局部高压区变小，而且混输泵导叶内的速度较小的区域也相对变小。从图 6-71 中还可以看出，混输泵导叶内速度较小的区域主要集中在导叶叶片的非压力面。

图 6-72 所示为不同流量下多相混输泵 0.8 倍叶高处回转面的速度分布云图。从图 6-72 中可以看出，在 0.8 倍叶高处，相较于 0.2 倍叶高和 0.5 倍叶高，混输泵导叶内速度较小的区域进一步缩小，且在小流量和设计流量下混输泵进口叶片吸力面出现了局部速度较小的区域，随着流量的增加，该区域逐渐消失。从图 6-72 中还可以看出，随着叶高的增加，混输泵导叶内速度较小的区域逐渐向导叶叶片出口非压力面移动。

综合图 6-70 ~ 图 6-72 可以看出，在 0.2 倍叶高处，随着流量的增加，混输泵内的最大速度逐渐增加，混输泵各级叶轮进口处的局部速度较大的区域逐渐消

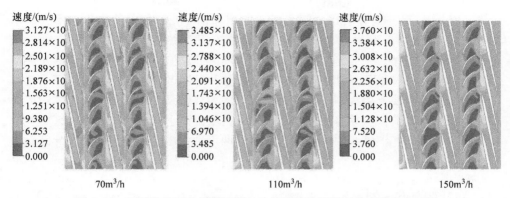

图6-71　不同流量下多相混输泵0.5倍叶高处回转面的速度分布云图

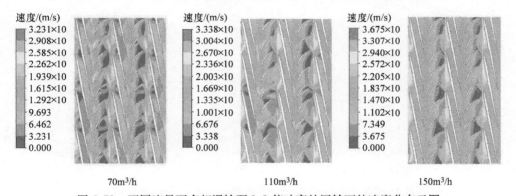

图6-72　不同流量下多相混输泵0.8倍叶高处回转面的速度分布云图

失，混输泵导叶内的速度较小的区域逐渐扩大，且混输泵叶轮和导叶内的速度分布更加均匀；在0.5倍叶高处，随着流量的增加，混输泵叶轮进口处的局部高压区变小，而且混输泵导叶内的速度较小的区域也相对变小，混输泵导叶内速度较小的区域主要集中在导叶叶片的非压力面；在0.8倍叶高处，相较于0.2倍叶高和0.5倍叶高，混输泵导叶内速度较小的区域进一步缩小，且在小流量和设计流量下混输泵进口叶片吸力面出现了局部速度较小的区域，随着流量的增加，该区域逐渐消失，随着叶高的增加，混输泵导叶内速度较小的区域逐渐向导叶叶片出口非压力面移动。

6.4　多相混输泵内流线分布规律

6.4.1　纯液条件下多相混输泵内流线分布规律

图6-73所示为纯水工况不同流量下多相混输泵在0.5倍叶高处的流线分布

云图。从图 6-73 中可以看出，随着流量的增加，叶轮区域受流量影响不大，未出现明显的旋涡，而导叶区域在不同流量工况下均出现了明显的旋涡；从图 6-73 中还可以看出，随着流量的增加，导叶区域的旋涡结构逐渐稳定并逐渐减小，且该旋涡开始从导叶工作面向背面转移，导叶区域旋涡明显得到了一定程度的改善。这主要是因为随着流量的增加，多相混输泵叶轮和导叶对流体约束力逐渐增强，因此流体流动越来越稳定，导叶区域旋涡也越来越小。导叶区域旋涡的存在会增加多相混输泵内能量的耗散，后期可进一步对多相混输泵导叶区域进行优化。

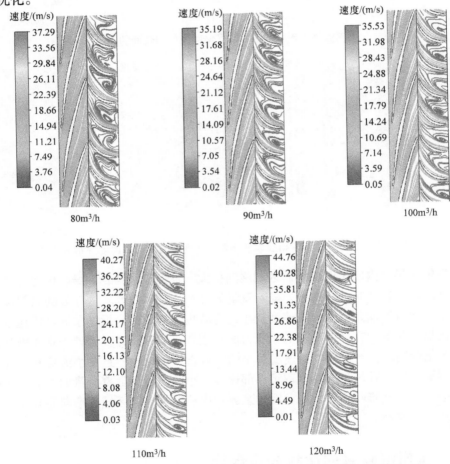

图 6-73　纯水工况不同流量下多相混输泵在 0.5 倍叶高处的流线分布云图

6.4.2　含气率对多相混输泵内流线分布规律的影响

图 6-74 所示为各流量工况不同进口含气率下多相混输泵 0.5 倍叶高处的流

线分布云图。从图 6-74 中可以看出，在小流量工况下，多相混输泵叶轮和导叶流道内流线分布随进口含气率的增加变化不明显。这主要是因为在小流量工况下多相混输泵叶轮及导叶对流体介质的约束力不强，因此含气率变化对于流线分布并未出现明显的影响。在设计流量下，多相混输泵叶轮叶片背面出口区域随着进口含气率的增加逐渐开始出现不明显的脱流现象；而在大流量工况下，叶片背面出口区域随着进口含气率的增加脱流现象开始逐渐明显，且导叶工作面进口处旋涡随着进口含气率的增加而逐渐开始增大。结合多相混输泵气相分布云图可知，在旋涡出现的区域均出现了明显的气相聚集现象，这说明旋涡的产生是使得多相混输泵内气相聚集的主要原因之一。

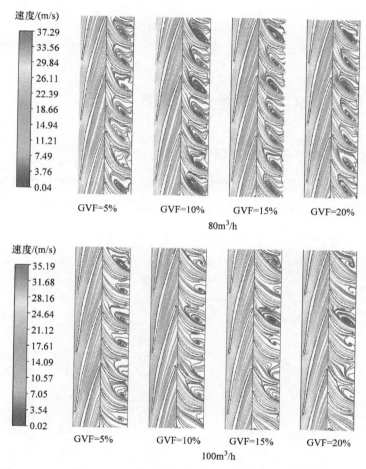

图 6-74　不同进口含气率下多相混输泵 0.5 倍叶高处的流线分布云图

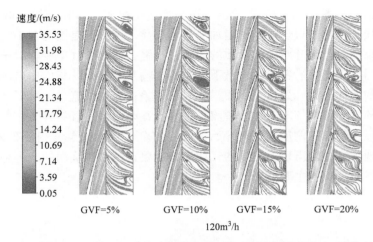

GVF=5%　　　　GVF=10%　　　　GVF=15%　　　　GVF=20%

120m³/h

图 6-74　不同进口含气率下多相混输泵 0.5 倍叶高处的流线分布云图（续）

6.5　多相混输泵内湍动能分布规律

6.5.1　纯液条件下多相混输泵内湍动能分布规律

图 6-75 所示为不同流量下轴流式多相混输泵 0.5 倍叶高处的湍动能分布云图。从图 6-75 中可以看出，在叶轮区域，不同流量下湍动能耗散整体较小，能

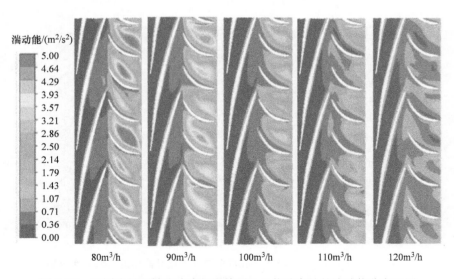

80m³/h　　　　90m³/h　　　　100m³/h　　　　110m³/h　　　　120m³/h

图 6-75　不同流量下轴流式多相混输泵 0.5 倍叶高处的湍动能分布云图

量损失不大，叶轮效率较高。这与外特性分布中一致，导叶区域则出现了明显的湍动能耗散，且位置与 6.4 节流线分布分析中导叶旋涡位置一致，这说明该区域产生的能量耗散主要是由导叶内的旋涡引起的。从图 6-75 中还可看出，随着流量的增加导叶流道内湍动能耗散区域逐渐缩小，而在叶轮与导叶动静交接处湍动能耗散逐渐增大。

6.5.2　含气率对多相混输泵内湍动能分布规律的影响

图 6-76 所示为各流量工况不同进口含气率下多相混输泵 0.5 倍叶高处的湍动能分布云图，从图 6-76 中可以看出，在小流量工况和设计流量工况下，多相混输泵叶轮区域湍动能耗散主要存在于叶片背面出口区域，导叶内湍动能耗散主要存在于流道中间，且随着进口含气率的增加，该区域的湍动能耗散逐渐增大。从图 6-76 中还可看出，在大流量工况下，叶轮区域除叶片背面出口处产生较大的湍动能耗散外，工作面进口处也开始出现较大的能量耗散；另外，6.4 节流线分布分析中叶轮区域出现脱流现象，从而导致该区域的湍动能耗散最大，因此叶轮叶片背面的湍动能耗散主要是由于脱流损失造成的，而导叶内出现的湍动能耗散区域均为导叶内产生旋涡的区域，这说明导叶内湍动能耗散主要是由旋涡耗散引起的。

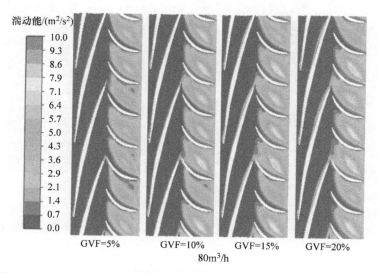

图 6-76　不同进口含气率下多相混输泵 0.5 倍叶高处的湍动能分布云图

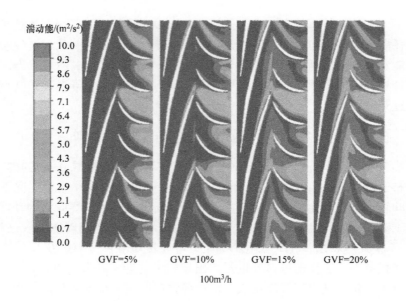

100m³/h

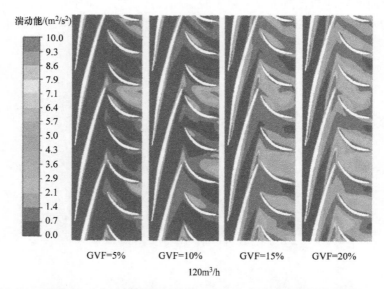

120m³/h

图 6-76　不同进口含气率下多相混输泵 0.5 倍叶高处的湍动能分布云图（续）

6.6　本章小结

　　本章主要对多相混输泵增压单元内的气相分布、压力分布、速度分布、流线分布和湍动能分布进行了分析，得到如下结论：

1) 多相混输泵叶轮内越靠近轮毂气体越集中,并且在同一含气率下,从轮缘到轮毂最大气相体积分布区域越来越大。由此可见,越靠近轮毂,含气率对混输泵叶轮流道内气相体积分布规律的影响越大。

2) 流量对叶片后半段上的气相分布规律影响较大,特别是对吸力面上的影响最大,并且在不同叶高处,叶片压力面和吸力面上的气相分布规律均存在差异。因此,在提高多相混输泵含气率的研究过程中,必须考虑叶片压力面和吸力面上气相分布的均匀性。

3) 液相黏度越小,对混输泵首级叶轮叶片上的气相体积分数影响越大,并且对靠近轮缘处吸力面上的气相体积分数影响最大。在不同黏度下,混输泵首级叶轮叶片进口附近的气相体积分数变化最大。气相体积分数较大的区域其液相分布较少,而气相体积分数较小的区域其液相分布较多。由此可见,在混输泵叶轮内存在明显的气液两相相互作用,且在离心力的作用下,越靠近轮缘液相越集中,越靠近轮毂气相越集中。在不同增压单元叶轮进口截面到出口截面,其气相体积分数的变化从首级到末级逐渐减小。

4) 液相黏度越小,对混输泵叶轮内的压力分布影响越大,而在液相为中质油和重质油时对其影响较小,并且从混输泵轮毂到轮缘,液相黏度对混输泵叶轮内压力分布的影响从末级叶轮出口逐渐向首级叶轮进口方向移动。

5) 在小流量和设计流量下,多相混输泵叶轮区域湍动能耗散主要存在于叶片背面出口区域,导叶内湍动能耗散主要存在于流道中间,并且随着进口含气率的增加,该区域的湍动能耗散逐渐增大;在大流量下,叶轮区域除叶片背面出口处产生较大的湍动能耗散外,工作面进口处也开始出现较大的能量耗散,而导叶内出现的湍动能耗散区域均为导叶内产生旋涡的区域,这说明导叶内湍动能耗散主要是由旋涡耗散引起的。

第7章

多相混输泵空化特性

由于多相混输泵结构的特殊性，导致其内部流动较为复杂。在运行过程中，其内部易出现空化现象，而空化现象的产生对泵性能有较大的影响，易导致泵效率和扬程的降低、振动加剧，甚至影响泵的安全运行。因此，掌握多相混输泵内空化流动的演变规律对改善多相混输泵的性能至关重要。

7.1 空化特性曲线

在对多相混输泵进行空化流动特性数值分析时，进口边界条件设置为压力进口，汽相体积分数设置为0，通过逐渐降低多相混输泵进口边的压力使泵内达到逐渐空化的目的，出口边界条件设置为质量出流，设置25℃环境下纯水的饱和蒸汽压力为3170Pa。

图7-1和图7-2所示分别为多相混输泵扬程系数 ψ 和流道内空泡体积分数 α 随空化系数 σ 变化的曲线图。由图7-1可知，在含气率 GVF = 0、GVF = 10% 和

GVF = 20% 的工况下，扬程系数 ψ
随空化系数 σ 呈现出先保持不变，
然后平稳下降，再急剧降低的趋
势。在含气率 GVF = 0 的工况下，
当空化系数 σ 为 0.86 时，扬程系
数 ψ 保持不变，这说明在此空化
系数范围内多相混输泵内没有发
生空化，或空化现象比较微弱不
至于影响到泵的扬程；当空化系
数 σ 在 0.106 ~ 0.86 范围内逐渐
减小时，扬程系数 ψ 逐渐下降，
其中 σ 为 0.28 时，扬程系数 ψ 相

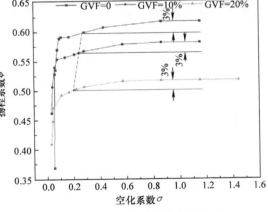

图7-1 扬程系数随空化系数的变化

较于没有发生空化时降低了3%，工程上将该点称为临界空化点；当空化系数 σ

小于 0.106 时，扬程系数 ψ 急剧降低，其中 σ 减小至 0.077 时对应的扬程系数降低了 7.68%，这说明在该空化系数下多相混输泵内空化程度已经达到严重空化阶段；在 σ 为 0.051 时，扬程降低幅度超过 20%，该空化系数下多相混输泵内已经达到断裂空化阶段。因此，在不同含气率下多相混输泵不同空化阶段对应的空化系数见表 7-1。

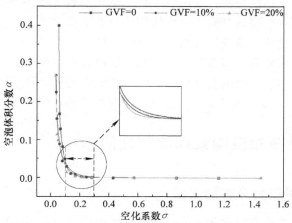

图 7-2 空泡体积分数随空化系数的变化

由图 7-1 还可以看出，在含气率 GVF = 10% 的工况下，当空化系数 σ 大于 0.86 时，扬程系数 ψ 保持不变；当空化系数 σ 在 0.0769 ~ 0.86 的范围内逐渐减小时，扬程系数 ψ 平稳下降，其中扬程系数 ψ 降低 3% 所对应的临界空化系数为 0.24；当空化系数 σ 小于 0.0769 时，扬程系数 ψ 急剧下降，扬程系数 ψ 降低 7.3% 所对应的空化系数 σ 为 0.057，扬程系数 ψ 降低幅度超过 20% 所对应的空化系数 σ 为 0.033。在含气率 GVF = 20% 的工况下，当空化系数 σ 大于 0.86 时，扬程系数 ψ 保持不变；空化系数 σ 在 0.107 ~ 0.86 的范围内逐渐减小时，多相混输泵的扬程系数 ψ 平稳降低，在该含气率下多相混输泵的临界空化系数 σ 为 0.208；当空化系数 σ 在小于 0.107 的范围内逐渐减小时，扬程系数 ψ 降低幅度较大，其中当空化系数 σ 为 0.048 时，扬程系数 ψ 降低 7.4%，当空化系数 σ 为 0.029 时，扬程系数 ψ 降低幅度超过 20%。

表 7-1 不同含气率下多相混输泵不同空化阶段对应的空化系数

GVF	空化系数 σ		
	临界空化	严重空化	断裂空化
0	0.280	0.077	0.051
10%	0.240	0.057	0.033
20%	0.208	0.048	0.029

由图 7-2 可以看出, 各含气率下, 随着空化系数 σ 的减小, 叶轮流体域内的空泡体积分数变化趋势呈现出先保持为 0, 然后平稳上升, 再急剧增加, 与空化特性曲线随空化系数 σ 减小的变化趋势恰好相反。对比各含气率下叶轮流体域内空泡体积分数的变化可以看出, 随着空化系数 σ 的减小, GVF = 0 时对应的空泡体积分数增长速度最快; 还可以发现, 空化系数 σ 在 0.1 ~ 0.3 的范围内逐渐减小时, 随着含气率的升高, 空泡体积分数的增长速率逐渐变小。

由以上对空化特性曲线的分析可以发现, 随着含气率的升高, 多相混输泵的临界空化系数逐渐降低, 即含气率的增加可以提高多相混输泵的空化性能。从叶轮流体域内空泡体积分数的变化可以看出, 含气率的升高可以抑制空泡的增长速度, 特别在 GVF = 10% 的工况下, 抑制效果更加显著。

7.2 空化对多相混输泵内流特性的影响

7.2.1 空化对压力分布的影响

为了分析空化演变对多相混输泵叶轮流道内部压力分布的影响, 下面在各含气率和不同空化状态下, 对多相混输泵叶轮流道内部压力分布进行分析。图 7-3 所示为进口含气率分别为 0、10% 及 20% 和不同空化阶段下 0.1 倍、0.5 倍和 0.9 倍叶高处叶轮流道内的压力分布云图。

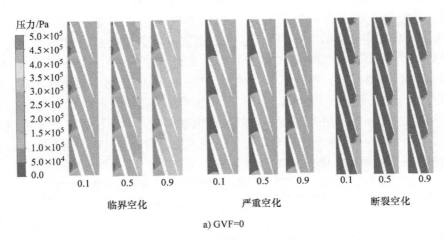

图 7-3 不同空化阶段下不同叶高处叶轮流道内的压力分布云图

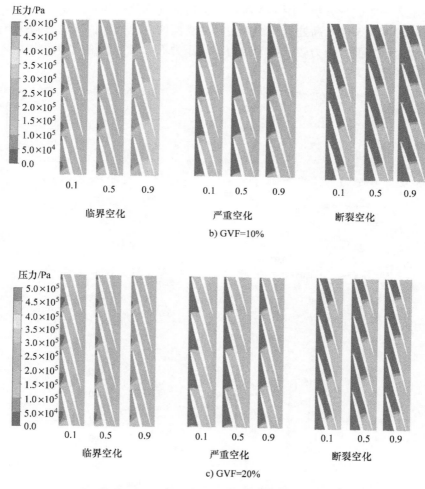

压力/Pa
5.0×10⁵
4.5×10⁵
4.0×10⁵
3.5×10⁵
3.0×10⁵
2.5×10⁵
2.0×10⁵
1.5×10⁵
1.0×10⁵
5.0×10⁴
0.0

图 7-3 不同空化阶段下不同叶高处叶轮流道内的压力分布云图（续）

由图 7-3 可知，在各工况下，由于叶片对流体做功的原因，使得从叶轮的进口到出口，流道内的压力逐渐增加，且随着叶高的增加，叶轮流道内的压力逐渐升高。在临界空化状态，随着含气率的升高，对应同一叶高相同位置处叶轮流道内的压力逐渐减小，即含气率的升高使多相混输泵的增压性能降低。当空化发展到第二阶段时，叶轮流道内部的压力相较于临界空化时变小，且空化区域对应的压力降低幅度较大。当空化发展到第三阶段时，此时泵内部空化程度非常严重，空泡同时出现在吸力面和压力面处，空泡分布区域的压力非常小，甚至当含气率为 0 时，空化现象占据整个叶片吸力面，此范围内的压力几乎降低至零。

为了进一步探究空化演变对叶片表面压力分布的影响，对叶片表面 0.5 倍叶高处的压力分布进行分析。图 7-4 所示为进口含气率分别为 0、10% 及 20% 和不同空化阶段下 0.5 倍叶高处沿流线方向叶片表面的压力分布，其中沿流线方向压力较大的为压力面，压力较低的为吸力面，压力面和吸力面围成的面积多少可以反映叶片载荷的大小。

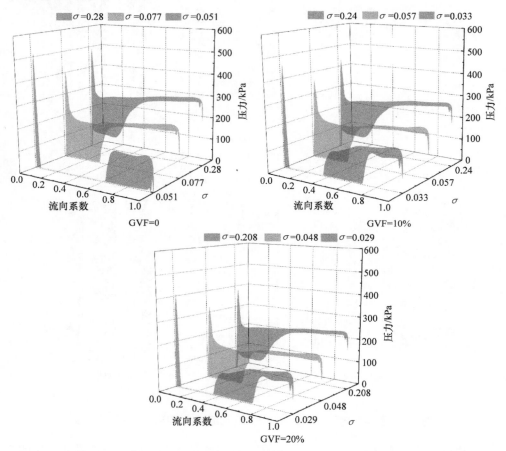

图 7-4　不同空化阶段下 0.5 倍叶高处沿流线方向叶片表面的压力分布
注：流向系数指流动方向各点的相对位置。

由图 7-4 可知，当空化程度较弱时，即 $\sigma = 0.28$ 时，压力面的压力沿流线方向从进口到出口平稳增加，而吸力面压力沿流线方向呈现出先在流向系数为 0 ~ 0.3 的范围内保持在 80kPa 左右，再大幅增加，然后平稳升高的趋势。当空化系数减小到 0.077 时，可以看出叶片压力面的压力与临界空化相比基本不变，而在叶片吸力面流向系数为 0 ~ 0.32 范围内的压力约为 3170Pa。当空化系数减小至 0.051 时，此时空化现象已经延伸至叶片压力面流向系数为 0.05 ~ 0.62 的范围，而吸力面已经完全被空化占据，导致叶片沿流线方向压力面和吸力面空化相交区域流向系数为 0.05 ~ 0.62 范围内的叶片载荷变为 0，而从流向系数为 0.62 到叶片出口范围内叶片表面的载荷变大。由图 7-4 还可以看出，随着含气率的增加，在临界空化阶段，叶片压力面沿流向方向同一位置处的压力逐渐降低，且压力面和吸力面所包围的面积逐渐减小，这说明随着含气率的增加，叶片的载荷逐渐减小，即叶片的做功能力下降。当空化处于第二阶段时，即 $\sigma = 0.057$ 和 $\sigma = 0.048$，由于此时空化出现在叶片吸力面流向系数为 0 ~ 0.35 的范围内，使得叶片吸力面在该范围的压力降低至饱和蒸汽压力左右；当空化系数分别降低至 0.033 和 0.029 时，此时空化现象出现在叶片压力面和吸力面流向系数为 0.05 ~ 0.38 和 0 ~ 0.7 的范围内，使得该范围叶片上的压力降低至 3170Pa 左右，导致叶片沿流向方向压力面和吸力面空化相交区域流向系数为 0.05 ~ 0.38 范围内的载荷减小至 0，而叶片流向系数为 0.38 ~ 0.7 范围内的载荷增加。

由以上的分析可知，含气率的升高使得叶轮流道内的压力降低，且叶片的载荷减小；空泡分布区域对应的压力会降低至饱和蒸汽压左右；当叶片压力面和吸力面都出现空化现象时，由于叶片吸力面的空泡分布范围大于压力面，使得叶片对应压力面和吸力面空化相交区域的载荷降低至 0，而叶片对应压力面空泡末端到吸力面空泡末端范围的载荷则会增加，且空泡区域末端的压力梯度急剧升高。

7.2.2　空化对速度分布的影响

为了分析空化演变对叶轮内部流态分布的影响，下面对不同叶高处叶轮流道内部的流速分布进行分析。图 7-5 所示为进口含气率分别为 0、10% 及 20% 和不同空化状态下不同叶高处叶轮流道内的相对速度分布云图。由图 7-5 可知，在各含气率对应的临界空化状态下，流体从叶轮进口向出口流动的过程中，由于流体的动能和压力能发生相互转换，导致速度从叶轮进口到出口呈现逐渐减小的趋势，且相对速度从轮毂到轮缘逐渐减小。当空化现象发展到第二阶段时，空泡分布范围内的相对速度变大，随着叶高的增加，相对速度逐渐减小。当空化现象发展到第三阶段时，叶轮内部空化较为严重，空泡分布范围增大，空泡分布区域的相对速度相较于前两个空化阶段增长较大；但与前两个空化阶段不同的是，随着叶高的增加，空化区域的相对速度呈逐渐增大的趋势。这说明当空化程度较为严重时，叶轮内部的流动状态发生较大的改变，且空化区域从末端到出口的速度分布较为紊乱。

为了定量分析在不同含气率下空化的演变对速度分布的影响，下面对叶片表面 0.5 倍叶高处沿流线方向的速度分布进行分析。图 7-6 所示为进口含气率分别为 0、10% 和 20% 和不同空化阶段叶片表面 0.5 倍叶高处沿流线方向的速度分布。

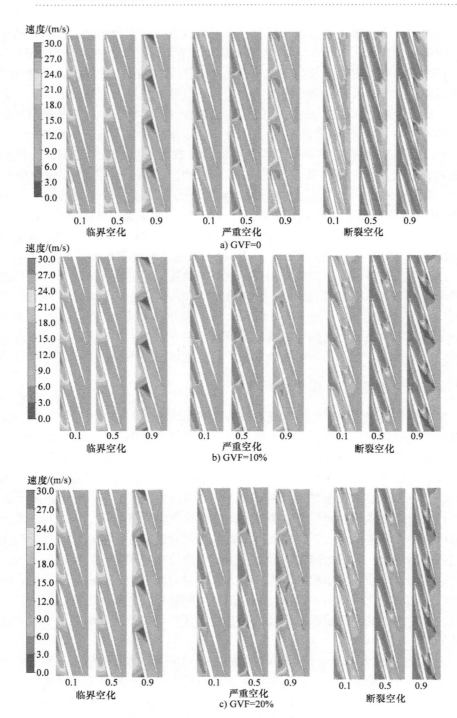

图 7-5　不同空化阶段下不同叶高处叶轮流道内的相对速度分布云图

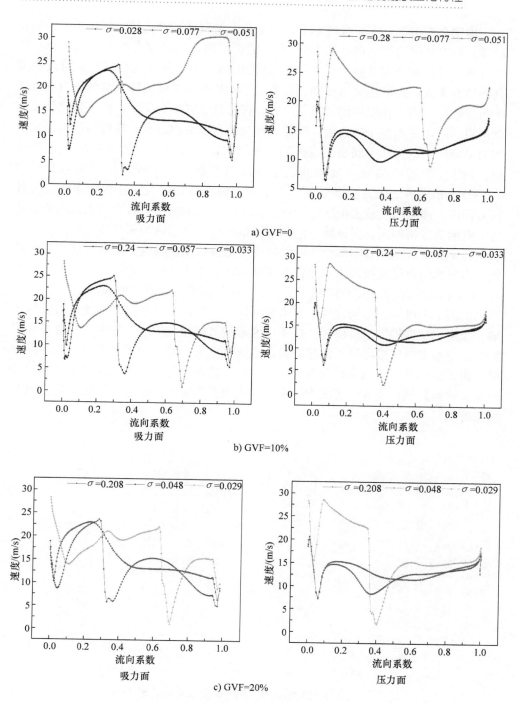

图 7-6　不同空化阶段叶片表面 0.5 倍叶高处沿流线方向的速度分布

由图 7-6 可知，在各含气率下，当空化发展到第二阶段时，相较于临界空化阶段，沿叶片吸力面流向系数为 0 ~ 0.1 的范围内，相对速度梯度变大，而在空泡分布区域末端流向系数为 0.3 ~ 0.4 的范围内，速度梯度较临界空化阶段的变化幅度非常大。由前述分析可知，这是由于叶片表面空泡区域末端的压力梯度较大所导致的。当空化发展到第三阶段时，在进口含气率为 0 时，由于空化程度非常严重，空泡占据整个吸力面，叶轮大部分流道被空泡占据，使得沿吸力面流向方向从流向系数为 0.3 到出口范围的流速增加；而在进口含气率为 10% 和 20% 时，由于空化现象沿叶片吸力面延伸到流向系数为 0.7 处，使得流向系数为 0.6 ~ 0.8 范围内的压力梯度变大，导致速度梯度变化较大。各含气率对应叶片压力面出现速度梯度较大的区域同样是由于空泡末端的压力梯度较大造成的，且由于空泡的排挤作用，使得除空泡末端区域外的其他区域的相对速度增大。

为了更直观地观察不同空化阶段叶轮流道内的流动特性，用 0.5 倍叶高处叶轮流道内部的速度流线来表示流体的流动情况，图 7-7 所示为进口含气率分别为 0、10% 和 20% 和不同空化阶段下 0.5 倍叶高处流道内的速度流线。

由图 7-7 可知，不同含气率对应的临界空化阶段，流道内部的流线均较为光顺。当空化发展到第二阶段时，由于空泡末端区域较大的压力梯度，使得在叶片吸力面空泡末端区域出现了回流旋涡。当空化发展到第三阶段，进口含气率为 0 时，由于空泡分布区域末端较大的逆压梯度，使得叶片压力面空泡分布区域末端出现了回流旋涡；而含气工况下，在叶片压力面和吸力面空泡区域末端均出现了回流旋涡。

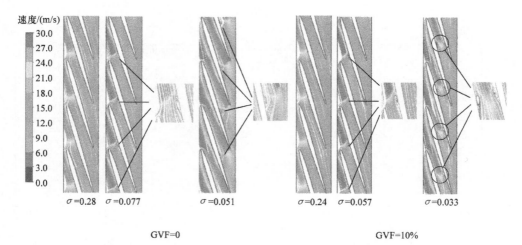

$\sigma=0.28$ $\sigma=0.077$ $\sigma=0.051$ $\sigma=0.24$ $\sigma=0.057$ $\sigma=0.033$

GVF=0   GVF=10%

图 7-7 不同空化阶段下 0.5 倍叶高处流道内的速度流线

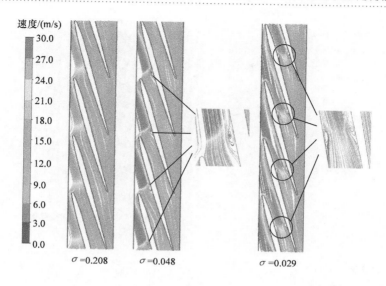

GVF=20%

图 7-7　不同空化阶段下 0.5 倍叶高处流道内的速度流线 （续）

7.2.3　空化对湍动能分布的影响

　　湍动能是表征湍流强度的物理量，该值与流体速度的方差有关，即湍动能较大区域的流速变化较大，流态较为紊乱，湍动能较大的区域也是能量耗散较大的区域。为了探究空化演变对叶轮流道内能量耗散分布的影响，下面针对不同含气率下空化演变对叶轮流道内湍动能分布的影响进行分析。图 7-8 所示为进口含气率分别为 0、10% 和 20% 和不同空化阶段下不同叶高处叶轮流道内的湍动能分布云图。

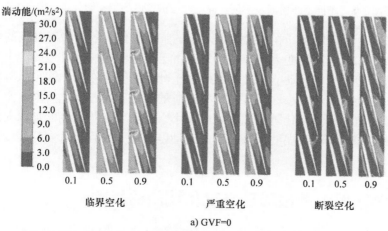

a) GVF=0

图 7-8　不同空化阶段下不同叶高处叶轮流道内的湍动能分布云图

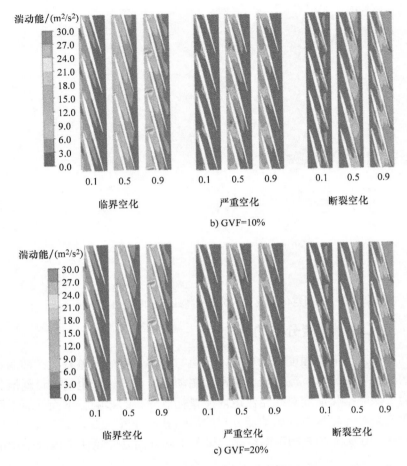

b) GVF=10%

c) GVF=20%

图 7-8   不同空化阶段下不同叶高处叶轮流道内的湍动能分布云图（续）

由图 7-8 可以看出，在各含气率对应的临界空化阶段，随着叶高的增加，湍动能最大值和对应区域变大；还可以发现由于流体对叶片进口边的冲击作用，造成叶片进口边区域的湍动能较大，此外由于叶片的整流作用，使得从叶轮进口沿流线方向湍动能逐渐减小。在各含气率对应的第二和第三空化阶段，空泡分布区域的湍动能值与临界空化阶段相比有所减小，且随着空化程度的加深而降低，但空泡区域末端的回流旋涡使得该范围的湍动能值增大，且随着空化程度的加深而增加。

7.3   含气率对多相混输泵空化性能的影响

为了分析含气率对多相混输泵空化性能的影响，本节分别对不同含气率、不同空化程度下的流动变化规律进行计算。

7.3.1　多相混输泵叶轮内气-汽相分布

为计算气液两相流的空化过程，假设液相为连续不可压缩，空气和蒸汽为离散不可压缩，空气与蒸汽始终保持球状颗粒，粒径不变。考虑液相相变过程，进口汽相体积分数设为0，气相含气率GVF分别设为0、10%和20%。为了分析气液两相混输时混输泵空化工况下的流动特性，针对不同含气率，从空化初生、临界空化、空化严重和空化断裂4个阶段对混输泵内的流动规律进行分析。图7-9所示为不同空化工况下含气率对首级叶轮叶片表面空泡分布的影响（其中叶轮为逆时针旋转）。

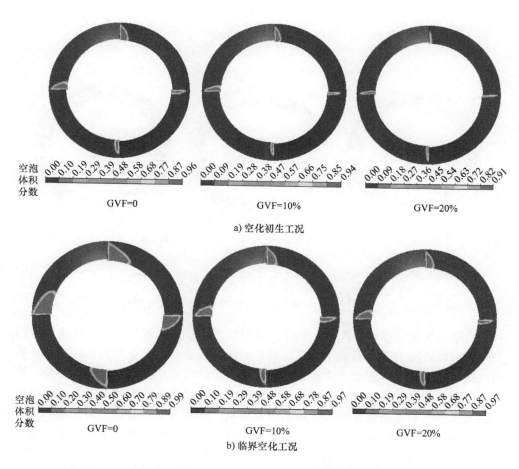

图7-9　不同空化工况下含气率对首级叶轮叶片表面空泡分布的影响

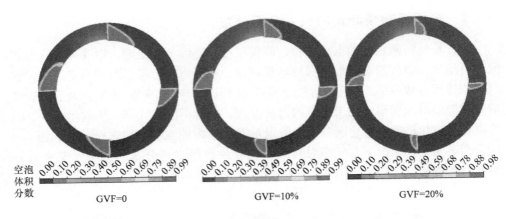

c) 空化严重工况

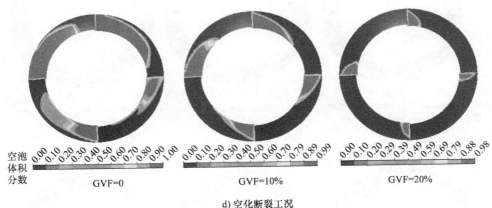

d) 空化断裂工况

图7-9 不同空化工况下含气率对首级叶轮叶片表面空泡分布的影响（续）

由图7-9可以发现，汽相先在叶片进口吸力面靠近轮毂处产生，这主要是因为叶片进口绕流出现局部低压，当此处绝对压力低于该温度下的汽化压力时，液相汽化。由于叶片对流动介质做功，所以水在流动过程中其压力能得到提高。当环境压力大于汽化压力时，空泡中蒸汽瞬间凝结为液态，空泡破灭。这种因空泡突然溃灭产生的冲击波是破坏叶片的主要因素。然后再沿叶片进口边向轮缘处延伸，延伸至轮缘处后再以相应的变化规律向叶片出口方向延伸。由此可见，含气率对几种空化过程的作用较为显著，在同一空化阶段，空化发生面积随着含气率的升高逐渐缩小，因此高含气率可在一定程度上抑制空化的产生和发展。

为了深入分析含气率对多相混输泵空化性能的影响，以空化严重工况为例对其进行定量分析。定义 K_s 为叶片相对距离，无量纲；定义 S_p 为轮毂至轮缘的距离，无量纲。

图 7-10 所示为多相混输泵在空化严重工况时，不同含气工况下叶片表面空泡的体积分数变化曲线。由图 7-10 可知，叶轮上四条曲线的空泡体积分布是不重合的，这说明叶轮上 4 个叶片上的空化发生程度不一致。通过对比可以发现，在同一含气工况下，随着 S_p 值的增大，即从轮毂向轮缘方向移动，空泡体积分数的值及宽度将随之减小。在同一 S_p 值时，各条曲线的总体变化趋势存在差异，而且空化程度和区域也有差异，个别叶片（如叶片 3）上的汽相体积分数先降低后逐渐升高，最后又突然降低。与其相邻的叶片 4 上的汽相体积分数曲线在靠近轮毂处与叶片 3 相似。由图 7-10 还可以看出，含气率越低，不同叶片上的空化程度相差越大，随着含气率的增加，这种差别越来越小，甚至个别叶片上的空化程度基本一样。

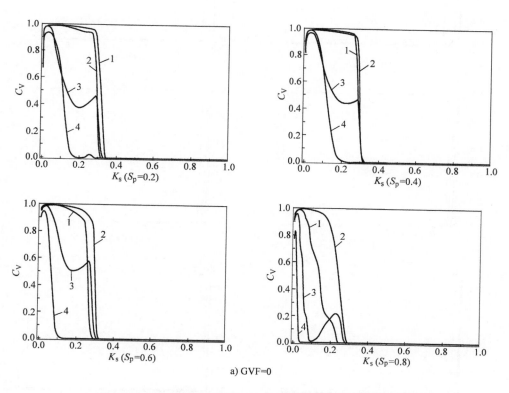

a) GVF=0

图 7-10　不同含气工况下叶片表面空泡的体积分数变化曲线

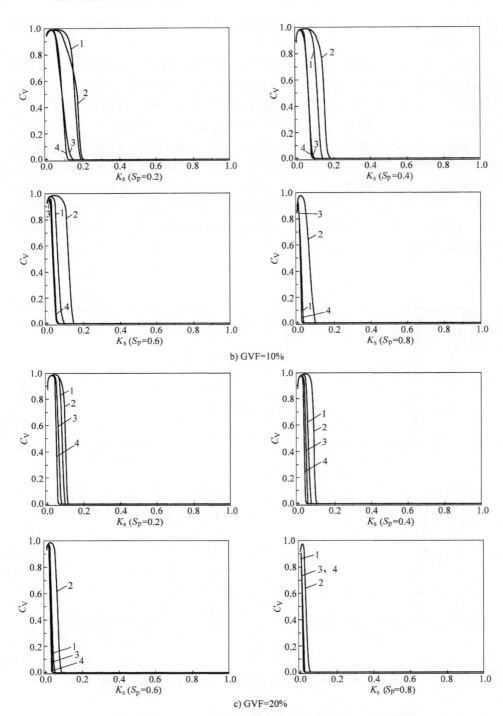

b) GVF=10%

c) GVF=20%

图 7-10　不同含气工况下叶片表面空泡的体积分数变化曲线（续）

由图 7-10 还可以发现，在不同含气工况下，每个叶片表面上的空泡体积分数变化规律也不同。纯水工况个别叶片表面上的空泡体积分数出现波动变化，叶片中部出现了第二次空泡局部升高的现象，但随着含气率的升高，这种空泡分布不均匀性逐渐消失，且空化发生的宽度逐渐减小。在较高含气率下，叶片表面的空泡体积分数在叶片吸力面稍后处增加到最大值后陡降。由图 7-10 还可以看出，随着 S_p 值的增加，空化发生区域逐渐缩短，在含气工况下表现更为明显，且叶片 3 的空泡第二次局部升高到极大值的现象消失。

进一步研究表明，添加少量气体有利于改善混输泵的空化性能，但是会改变流道内的两相流动。因此，在试验过程中，要尽量避开空化严重工况，以防空化对混输泵性能产生较大影响。

图 7-11 所示为设计工况不同含气率下多相混输泵叶轮叶片表面气体体积分数的变化曲线。由图 7-11 可以看出，在进口含气率为 10% 的工况下，越靠近轮缘叶片进口处的气体体积分数变化越大，其中叶片 3 上的气体体积分数在出现极大值后又缓慢地下降，且越靠近轮缘处其上升曲线和下降曲线越陡，但是越靠近叶片出口位置各叶片表面上的气体体积变化越小。当含气率增加到 20% 时，叶片进口处的气体体积分数变化比进口含气率为 10% 时更大，但 4 个叶片上的气体体积分数之间的差值越来越小，特别是在靠近轮缘处 4 个叶片上的气体体积分数基本相等。由图 7-11 还可以看出，在同一位置，随着含气率的增加 4 个叶片表面的气体体积分数分布的均匀性逐渐增强。

结合不同含气率的工况可以看出，部分叶片表面上的气相体积分数突然升高到一定值后又慢慢降低，还有部分叶片表面上的气相体积分数保持着持续缓慢升高的趋势。造成这种差异性是因为在临界空化断裂工况时，空化产生的空化区域出现了空化旋涡，空化旋涡的出现使得相应区域的气体体积分数继续增加到一定值后再下降至额定含气率附近。而在未出现空化旋涡或空化旋涡较小的区域，相应的气体体积分数则仅仅是缓慢增加到额定含气率。当含气率相同时，越靠近轮缘，由空化旋涡产生的大于额定含气率的区域浓度越降低。在 S_p 值不变时，随着含气率的升高，相应的空化旋涡区域造成气体体积分数大于额定含气率的区域也开始趋于额定含气率。

对比图 7-10 和图 7-11 发现，同一空化工况下相应的流道内气体体积分数变化规律及趋势与汽相体积分数曲线会呈现相反的趋势。这主要是由于叶轮流道内空泡的产生对气相的排挤作用，使得两者出现相反的变化情况。

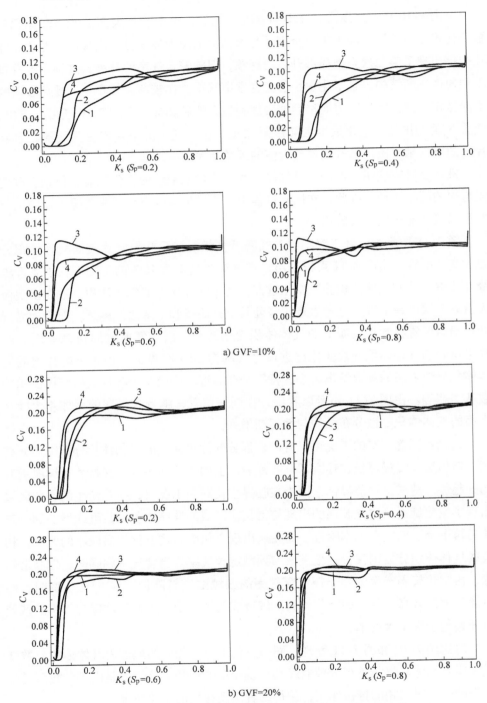

a) GVF=10%

b) GVF=20%

图 7-11 多相混输泵叶轮叶片表面气体体积分数的变化曲线

7.3.2　叶轮周向汽相体积分数变化规律

多相混输泵在输送气液两相混合物时系统内压力下降或系统温度的升高可能会使气液两相混合物在经过混输泵时出现空化。随着压力的持续降低或设备长期运行导致温度的升高，容易引起空化严重工况的出现。此特殊工况的出现会严重影响混输泵的安全可靠运行。

图7-12所示为空化过渡过程中叶轮周向汽相体积分数的变化曲线。从图7-12中可知，在空化初生阶段时，空化并不是完全在整个圆周方向上同时出现，而是先在一个点出现。其主要原因是受吸入室的影响使得叶轮内的压力分布并不均匀，同时还受到气液两相在叶轮进口流动规律和气相在叶轮内的分布规律影响。在临界空化阶段到空化严重阶段，叶轮圆周方向上逐渐出现4个大小不等的汽相区域，而且每个汽相区域都比较窄。这说明到空化严重工况时，每个叶片吸力面都出现了很小的汽相区域，而到空化断裂工况时，在圆周方向上汽相体积分数明显增大，汽相体积区域明显变宽。但是，从空化初生到临界空化阶段，扬程并没有出现较大的变化。这说明叶轮流道内个别叶片出现较窄汽相区域的过程

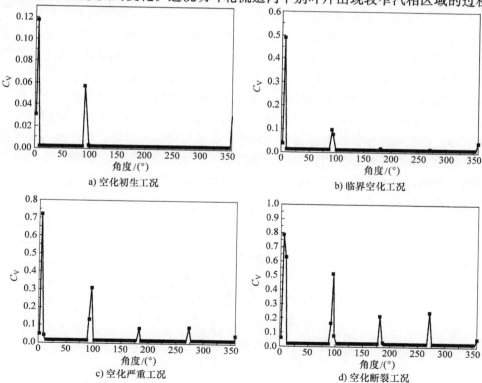

a) 空化初生工况　　　　　　　　　　　b) 临界空化工况

c) 空化严重工况　　　　　　　　　　　d) 空化断裂工况

图7-12　空化过渡过程中叶轮周向汽相体积分数的变化曲线

对其混输泵的能量交换没有太大影响。由图 7-12 还可以看出，在向空化断裂工况过渡时，在圆周方向上分布的汽相区域明显扩大，且空泡体积分数也增大。这表明引起增压下降的原因主要是，叶轮流道内进口被空泡填满，阻挡了叶轮与介质之间的能量交换和传递。

7.4 临界空化断裂工况下瞬态水动力特性

在空化流动中，叶片表面上的固定空泡会堵塞过流断面，造成过流面积减小。这会引起相邻叶片流道内流体速度升高，叶片进口冲角减小。随着空化余量的下降，影响会更加严重。而流速与冲角的改变同时也会影响流道内的空泡发展情况及运动趋势，这种彼此影响会一直作用下去，而且空泡的产生和溃灭过程将会在泵体中诱发新的激励特性。因此，本节在临界空化断裂工况下对叶轮上的轴向力和径向力进行分析。

7.4.1 临界空化断裂工况叶轮上的瞬态轴向力

图 7-13 所示为进口含气率为 10% 时临界空化断裂工况多相混输泵叶轮瞬态轴向力变化曲线。与无空化轴向力变化曲线（见图 5-6）相比，在叶轮旋转过程中，首级叶轮上空泡随旋转发生改变，随机的产生与溃灭，使得混输泵上的轴向力变化曲线较为紊乱，但波峰波谷数量与叶片数保持一致，且混输泵轴向力在一个周期内普遍高于无空化流动时的轴向力。这是因为气液两相空化流动中，吸力面形成较为稳定的空泡，而压力面空化几乎未发生空化，这便改变了流道内的压力分布，造成叶片两侧压力差增大，使叶轮受到的动反力升高，由此压力差导致的动反力方向与叶轮轴向力同向，最终将会导致轴向力的升高。因此，空化诱导的瞬态激励特性的改变，终将造成泵轴向力及振动特性的变化，对其运行可靠性和使用寿命造成影响。

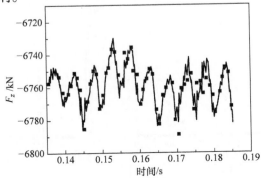

图 7-13 临界空化断裂工况多相混输泵叶轮瞬态轴向力变化曲线

7.4.2 临界空化断裂工况叶轮上的瞬态径向力

图7-14所示为含气率GVF为10%时临界空化断裂工况多相混输泵首级叶轮上的瞬态径向力变化曲线。对比图5-8无空化工况，首级叶轮受到的径向力主要分布区域由无空化时的第二象限逐渐向对称形状变化，且对称点主要分布在第二、第三象限。在叶轮旋转1个周期内，径向力曲线表现为1个周期变化。这说明叶轮在旋转1个周期的过程中，叶轮与导叶之间相对位置的不断变化使叶轮受到的径向力大小和方向随着时间发生改变，这种变化较无空化时尤为明显。径向力在x、y方向的极值都明显高于无空化工况。这说明空化工况叶轮进口的固定型空泡的出现，加剧了叶轮周向上气液两相分布的不均匀性，即叶轮周向上压力分布不均匀，静压波动加剧，从而使叶轮受到的径向力增大。从图7-14b可以看出，叶片旋转在不同位置时，泵总径向力表现为星形分布，但各波峰波谷值波动较大。这主要是由于空化导致动静干涉作用加强，在首级叶轮流道上，空泡随机生成和溃灭，同时空泡的产生将会堵塞过流断面，造成气液两相流动特性发生改变。因此，空化的发生导致混输泵内部流场分布更为复杂，从而加剧了流场分布的不均匀性，导致叶轮上径向力的升高。

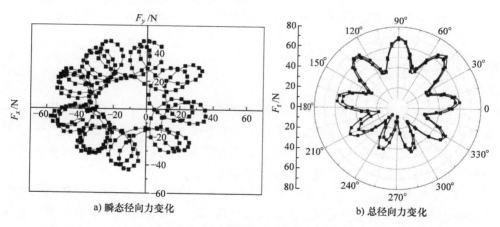

a) 瞬态径向力变化   b) 总径向力变化

图7-14 临界空化断裂工况多相混输泵首级叶轮上的瞬态径向力变化曲线

7.4.3 临界空化断裂工况导叶上的瞬态径向力

图7-15所示为进口含气率为10%时临界空化断裂工况多相混输泵首级导叶上瞬态径向力的变化曲线。对比图5-10无空化情况可以发现，在叶轮旋转过程中，首级导叶上的径向力呈现较为规律的圆形对称分布。这说明空泡的随机产生、溃灭的过程虽然加剧了首级叶轮入口流动的周向不均匀性，但空化程度较

低，因此叶轮叶片位置相对导叶的不断变化对流道内压力场影响不大，径向力大小和方向随着相对位置的变化曲线基本重叠。在任意时刻处，导叶上受到的总径向力明显要比无空化流动时大，波动幅值相对于径向力可忽略。这说明空化的发生虽然降低了叶轮对导叶内流动的影响，但增加了导叶周向流动的不均匀性，从而使导叶上的径向力增加。

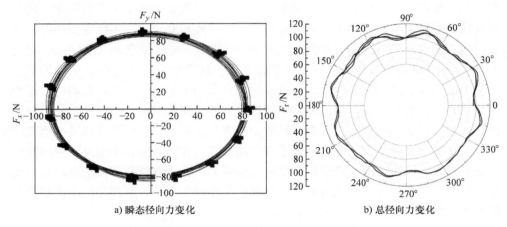

a) 瞬态径向力变化　　　　　　　　b) 总径向力变化

图 7-15　临界空化断裂工况多相混输泵首级导叶上瞬态径向力的变化曲线

7.5　本章小结

本章分析了含气率的变化对多相混输泵空化特性的影响、叶轮流道内气相和空泡分布的关系、不同空化阶段叶轮域空泡体积分数的变化，揭示了含气率的变化对多相混输泵内部空化演变的影响，最后在临界空化断裂工况下对混输泵内的瞬态水动力特性也进行了研究。具体结论如下：

1）含气率对几种空化过程的作用较为显著，在同一空化阶段，空化发生面积随着含气率的升高逐渐缩小，因此高含气率可在一定程度上抑制空化的发生和发展。

2）在同一含气工况下，从轮毂向轮缘空泡体积分数的值及宽度将随之减小；含气率越低，不同叶片上的空化程度相差越大，随着含气率的增加，这种差别越来越小，甚至个别叶片上的空化程度基本一样；纯水工况个别叶片表面上的空泡体积分数出现波动变化，叶片中部出现了第二次空泡局部升高的现象，但随着含气率的升高，这种空泡分布不均性逐渐消失，且空化发生的宽度逐渐减小；添加少量气体有利于改善混输泵的空化性能，但是会改变流道内的两相流动。

3）在空化初生阶段时，空化先在一个点出现；在临界空化阶段到空化严重阶段，叶轮圆周方向上逐渐出现4个大小不等的汽相区域，而且每个汽相区域都比较窄；而到空化断裂工况时，在圆周方向上汽相体积分数明显增大，汽相体积区域明显变宽。

4）空化的发生导致混输泵内部流场分布更为复杂，从而加剧了流场分布的不均匀性，导致叶轮上径向力的升高；空化的发生虽然降低了叶轮对导叶内流动的影响，但增加了导叶周向流动的不均匀性，从而使导叶上的径向力增加。

第8章

多相混输泵内旋涡运动及湍流耗散特性

由于多相混输泵的内部流动非常复杂，不可避免地会有旋涡的存在，从而导致混输泵内的流动稳定性较差，造成大量的能量损失，较大的旋涡甚至堵塞流道，破坏叶轮流道结构，基于此，本章在不同工况下通过对多相混输泵内旋涡运动规律展开分析，为多相混输泵的结构优化设计以及后续章节能量损失的分析奠定基础。

8.1　多相混输泵内旋涡演变机理

8.1.1　流量对多相混输泵内旋涡运动规律的影响

图 8-1 所示为含气率 GVF＝30％ 时不同流量下多相混输泵首级增压单元内的

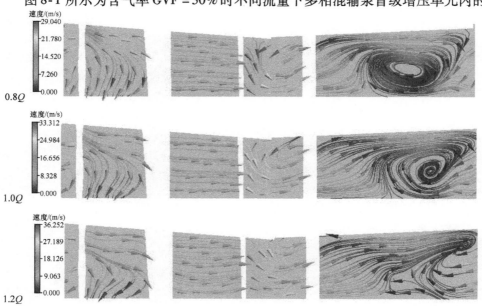

图 8-1　不同流量下多相混输泵首级增压单元内的轴向速度矢量

轴向速度矢量。由图 8-1 可以看出，当流量较小时，在混输泵叶轮进口区域出现较严重的回流现象，随着流量的增加，该区域的回流逐渐减弱。

由图 8-1 还可以看出，在叶轮出口和导叶进口区域，当流量较小时该区域有较大的逆时针旋涡出现，随着流量的不断增加，该区域的旋涡逐渐减小，且逐渐向轮毂处移动。另外，在导叶内，当流量较小时导叶流道中间位置有较大的顺时针旋涡出现，基本充满整个流道，随着流量的增加该区域的旋涡逐渐减小。可见，流量对混输泵叶轮内旋涡的形成和演变也有较大的影响，特别是在小流量工况下旋涡最大，这是因为小流量下叶片对流体的约束能力较弱，易出现较大的旋涡，而随着流量的增加，流体受到叶片的约束作用增强，所以旋涡较小，流动较为稳定。

分析导叶内的旋涡，其本质原因主要是：叶片对流体的约束能力较弱，针对该问题可通过增加叶片数的方法来减小旋涡；叶片型线还需要进一步优化，针对该问题可通过优化叶片进出口安装角、包角和叶片截面翼型等方法来减小旋涡。除了上述方法外，还可通过添加短叶片的方法构成长短叶片来减小旋涡。

8.1.2 转速对多相混输泵内旋涡运动规律的影响

图 8-2 所示为含气率 GVF = 30% 时不同转速下多相混输泵首级增压单元内的轴向速度矢量。由图 8-2 可知，在叶轮进口区域，当转速较低时流体流动较为稳定，随着转速的增加，该区域的流动逐渐变得紊乱，当转速增加到 2500r/min 时叶轮进口区域出现回流，随着转速的继续增加该区域的回流更为严重。还可以看出，在叶轮出口和导叶进口之间的区域，当转速等于 185r/min 时靠近轮毂区域出现较大的逆时针旋涡，随着转速的增加该区域的旋涡逐渐减小，当转速等于 1450r/min 时该区域的流动较为均匀，而随着转速的继续增加，该区域又出现逆时针方向的旋涡，且该旋涡逐渐向轮缘处移动，分析其原因主要是在低转速下上游流动不稳定导致出现旋涡，而高转速下出现旋涡主要是由于动静干涉的影响。

由图 8-2 还可以看出，当转速较低时导叶内出现较严重的回流现象，随着转速的增加该区域的回流现象越来越严重，直至当转速等于 1450r/min 时该区域出现较大的逆时针旋涡，且该旋涡位置靠近轮毂，而随着转速的进一步增加，当转速等于 2500r/min 时该区域的旋涡旋转方向开始出现变化，当转速等于 3000r/min 时该区域的旋涡旋转方向变为顺时针方向，且该旋涡基本充满整个导叶流道。可见，转速的变化对多相混输泵过流部件内旋涡的形成和演变有较大的影响，甚至在高转速下旋涡的存在可能导致导叶流道内出现堵塞和段塞流等现象。

8.1.3 含气率对多相混输泵内旋涡运动规律的影响

1. 含气率对轴向旋涡分布规律的影响

图 8-3 所示为多相混输泵增压单元 0.2 倍叶高处的轴向流线分布云图。从

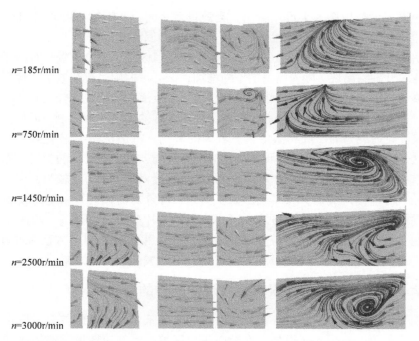

图 8-2　不同转速下多相混输泵首级增压单元内的轴向速度矢量

图 8-3 中可以看出，在混输泵增压单元 0.2 倍叶高处，随着含气率的增加，混输泵内的旋涡结构基本相同，旋涡主要集中在导叶叶片进口靠近压力面的位置，且旋涡几乎占据了导叶整个叶轮流道。还可以看出，在不同含气率下，混输泵内的轴向旋涡主要集中在导叶内，且不同含气率下首级导叶和次级导叶内的旋涡结构也基本相同。这说明含气率对混输泵轮毂处的旋涡分布情况影响不大。

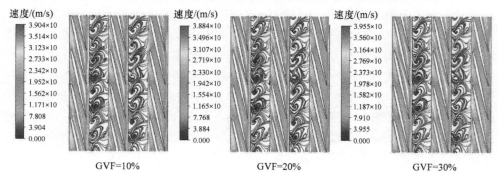

图 8-3　多相混输泵增压单元 0.2 倍叶高处的轴向流线分布云图

　　图 8-4 所示为多相混输泵增压单元 0.5 倍叶高处的轴向流线分布云图。从图 8-4 中可以看出，在混输泵增压单元 0.5 倍叶高处，随着含气率的增加，混输

泵增压单元内的轴向旋涡也几乎没有变化，但是相比较 0.2 倍叶高处混输泵内的轴向流线分布可以发现，在 0.5 倍叶高处，混输泵导叶内的轴向旋涡大小逐渐减小，且主要集中在混输泵导叶非压力面靠近出口的位置。还可以看出，不同含气率下混输泵各级叶轮内几乎没有轴向旋涡产生，叶轮内流动较均匀。

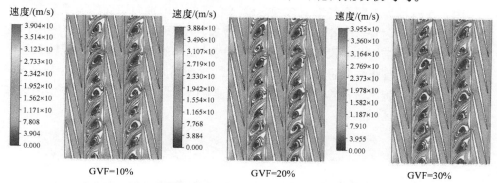

图 8-4　多相混输泵增压单元 0.5 倍叶高处的轴向流线分布云图

　　图 8-5 所示为多相混输泵增压单元 0.8 倍叶高处的轴向流线分布云图。从图 8-5 中可以看出，在混输泵增压单元 0.8 倍叶高处，随着含气率的增加，混输泵增压单元内的轴向旋涡也几乎没有变化，但是在混输泵叶轮进口叶片非压力面处出现了脱流旋涡。与 0.2 倍叶高和 0.5 倍叶高处混输泵增压单元内的轴向旋涡相比可以发现，0.8 倍叶高处混输泵导叶内的轴向旋涡进一步减小，个别流道内的轴向旋涡消失。

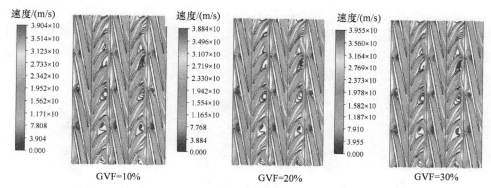

图 8-5　多相混输泵增压单元 0.8 倍叶高处的轴向流线分布云图

　　综合图 8-3～图 8-5 可以看出，含气率从 GVF = 10% 增加到 GVF = 30% 的过程中对混输泵增压单元内的旋涡影响不是很大，含气工况下旋涡主要分布在混输泵导叶内，但是从轮毂到轮缘混输泵叶轮进口也逐渐出现回流旋涡。与 0.2 倍叶高处混输泵内的轴向流线分布比较可以发现，在 0.5 倍叶高处，混输泵导叶内的轴向旋涡大小逐渐减小，且主要集中在混输泵导叶非压力面靠近出口的位置。不同含气率下混输泵各级叶轮内几乎没有轴向旋涡产生，叶轮内流动较为均匀。与0.2倍叶高和0.5倍叶高处混输泵增压单元内的轴向旋涡相比可以发现，0.8倍叶高处混输泵导叶内的轴向旋涡进一步减小，个别流道内的轴向旋涡消失。

图8-6所示为不同含气率下多相混输泵增压单元内轴向切面的流线分布，从图中可以看出，随着含气率从GVF=10%增加到GVF=30%，混输泵增压单元轴向切面的旋涡结构几乎没有改变，混输泵内的轴向旋涡主要分布在混输泵导叶内，且旋涡靠近首级导叶进口，到次级导叶时，旋涡向导叶中部移动。从图8-6中还可以看出，旋涡对混输泵增压单元内的速度分布影响较大，旋涡产生的区域也是速度较小的区域。

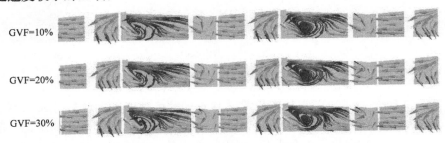

GVF=10%

GVF=20%

GVF=30%

图8-6　多相混输泵增压单元内轴向切面的流线分布

2. 含气率对径向旋涡分布规律的影响

图8-7所示为不同含气率下多相混输泵首级叶轮进口段中间截面的流线分布，从图8-7中可以看出，在首级叶轮进口段，随着含气率的增加，径向旋涡的大小逐渐增加，且混输泵叶轮内的回流更加严重。还可以看出，混输泵首级叶轮进口段中间截面各流道内的流线分布不对称，个别流道内有旋涡产生，个别流道内流动均匀，这说明混输泵首级叶轮进口段的流动具有不对称性。

GVF=10%　　　　　　GVF=20%　　　　　　GVF=30%

图8-7　多相混输泵首级叶轮进口段中间截面的流线分布

图8-8所示为不同含气率下多相混输泵首级叶轮中间段中间截面的流线分布，从图中可以看出，混输泵首级叶轮中间段中间截面流动较均匀，基本没有回

流和旋涡，且随着含气率的增加，含气率对混输泵叶轮中间截面的流动均匀性影响不大，在以后的研究中可以不用考虑含气率对混输泵叶轮中部流动均匀性的影响。

GVF=10%　　　　　　　GVF=20%　　　　　　　GVF=30%

图 8-8　多相混输泵首级叶轮中间段中间截面的流线分布

图 8-9 所示为不同含气率下多相混输泵首级叶轮出口段中间截面的流线分布，从图中可以看出，混输泵出口段中间截面的流动受含气率的影响很小，与混输泵进口段和中间段相比可以看出，混输泵出口段的流动较进口段均匀，中间段则较为紊乱。

GVF=10%　　　　　　　GVF=20%　　　　　　　GVF=30%

图 8-9　多相混输泵首级叶轮出口段中间截面的流线分布

图 8-10 所示为不同含气率下多相混输泵首级导叶进口段中间截面的流线分布，从图中可以看出，在不同含气率下混输泵首级导叶进口段中间截面均存在旋涡，且随着含气率的增加，旋涡的结构变化不大。从图 8-10 中还可以看出，不同流道内旋涡的大小存在差异，这说明混输泵导叶流道内的流动不具有对称性。

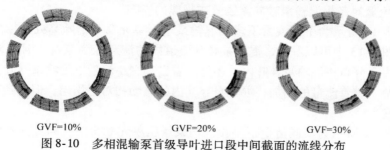

GVF=10%　　　　　　　GVF=20%　　　　　　　GVF=30%

图 8-10　多相混输泵首级导叶进口段中间截面的流线分布

图 8-11 所示为不同含气率下多相混输泵首级导叶中间段中间截面的流线分布，从图中可以看出，随着含气率的增加，含气率对混输泵首级导叶中间段中间截面的流动影响不大，但是结合混输泵首级导叶进口段中间截面的流线分布可以看出，混输泵首级导叶中间段中间截面的径向旋涡有向轮缘移动的趋势。

GVF=10%　　　　　GVF=20%　　　　　GVF=30%

图 8-11　多相混输泵首级导叶中间段中间截面的流线分布

图 8-12 所示为不同含气率下多相混输泵首级导叶出口段中间截面的流线分布，从图中可以看出，混输泵首级导叶出口段中间截面的流线十分紊乱，径向旋涡几乎布满了整个导叶流道，含气率对混输泵首级导叶出口段中间截面的径向旋涡影响不大。综合图 8-10～图 8-12 可以看出，从混输泵首级导叶的进口段、中间段到出口段，混输泵导叶内的径向旋涡大小逐渐增大，数量逐渐增加，且混输泵导叶内的径向旋涡逐渐向轮缘移动，这说明从混输泵首级导叶进口段到出口段流动越来越紊乱。

GVF=10%　　　　　GVF=20%　　　　　GVF=30%

图 8-12　多相混输泵首级导叶出口段中间截面的流线分布

3. 流量对多相混输泵轴向流线分布规律的影响

图 8-13 所示为不同流量下多相混输泵增压单元 0.2 倍叶高处的轴向流线分布，从图 8-13 中可以看出，混输泵导叶流道内的流动较为紊乱，且混输泵的轴向旋涡主要分布在混输泵导叶内。还可以看出，在小流量下混输泵导叶内的流动更加紊乱，随着流量的增加，混输泵导叶内的流动相对更均匀，但还是有大量的旋涡存在。

图 8-14 所示为不同流量下多相混输泵增压单元 0.5 倍叶高处的轴向流线分

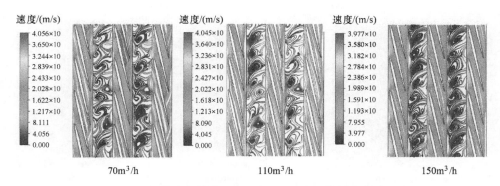

图 8-13　多相混输泵增压单元 0.2 倍叶高处的轴向流线分布

布。从图 8-14 中可以看出，混输泵叶轮内的流动较为均匀，混输泵导叶内的流动较为紊乱，且随着流量的增加，混输泵导叶内的旋涡逐渐变小，旋涡有向导叶出口移动的趋势。还可以看出，在小流量工况下，混输泵导叶内的旋涡几乎充满了整个叶轮流道，随着流量的增加，混输泵导叶内的轴向旋涡逐渐向导叶压力面移动，且个别流道内的轴向旋涡基本消失了。

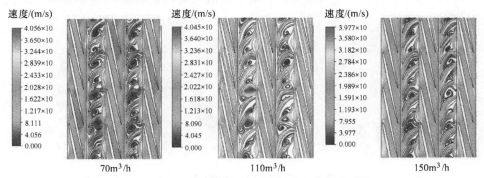

图 8-14　多相混输泵增压单元 0.5 倍叶高处的轴向流线分布

图 8-15 所示为不同流量下多相混输泵增压单元 0.8 倍叶高处的轴向流线分布。

从图 8-15 中可以看出，在小流量工况下，混输泵各级叶轮进口出现轴向脱流，随着流量的增加，该脱流现象消失。从图 8-15 中还可以看出，在小流量工况下，导叶内靠近出口位置出现单个或多个轴向旋涡，随着流量的增加，混输泵内同一位置的旋涡逐渐变小直至没有。相比较混输泵 0.2 倍叶高和 0.5 倍叶高处可以看出，在混输泵 0.8 倍叶高处，混输泵导叶内的轴向旋涡明显减小。

4. 流量对多相混输泵径向流线分布规律的影响

图 8-16 所示为不同流量下多相混输泵首级叶轮进口段中间截面的流线分布。

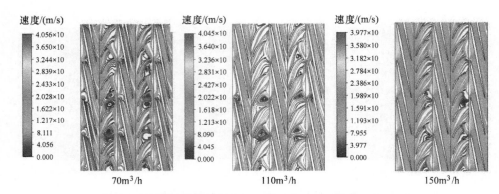

图 8-15　多相混输泵增压单元 0.8 倍叶高处的轴向流线分布

从图 8-16 中可以看出，不同流量下混输泵首级叶轮进口段中间截面的流线分布差异性较大，在流量为 70m³/h 时，混输泵首级叶轮进口段中间截面的流线分布比较均匀，在流量为 110m³/h 时，混输泵首级叶轮进口段中间截面的个别流道内有旋涡产生，在流量为 150m³/h 时，混输泵首级叶轮进口段中间截面没有旋涡存在，这说明随着流量的增加，混输泵首级叶轮内进口段的流动先逐渐紊乱，然后逐渐均匀。

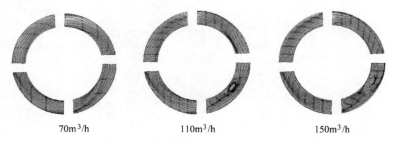

图 8-16　不同流量下多相混输泵首级叶轮进口段中间截面的流线分布

　　图 8-17 所示为不同流量下多相混输泵首级叶轮中间段中间截面的流线分布。从图 8-17 中可以看出，混输泵首级叶轮中间段中间截面的流线分布较均匀，且随着流量的变化，混输泵首级叶轮中间段中间截面的流线分布几乎没有变化，这说明混输泵首级叶轮中间段的流动性能较好，在以后的研究中可以忽略流量对混输泵首级叶轮中间段流动情况的影响。

　　图 8-18 所示为不同流量下多相混输泵首级叶轮出口段中间截面的流线分布，从图中可以看出，混输泵首级叶轮出口段中间截面的流线分布较为均匀，且随着流量的增加，混输泵叶轮内的流动逐渐均匀。综合图 8-16 ~ 图 8-18 可以看出，从混输泵首级叶轮进口段、中间段到出口段，混输泵叶轮内的流动先均匀然后变得紊乱，且流量的变化对混输泵首级叶轮进口段流动的影响较大，而对混输泵中

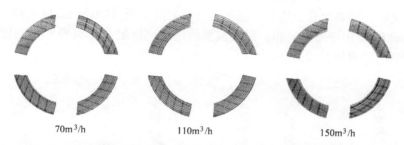

70m³/h   110m³/h   150m³/h

图 8-17   不同流量下多相混输泵首级叶轮中间段中间截面的流线分布

间段和出口段的影响较小，这说明混输泵首级叶轮进口段对流量的变化较为
敏感。

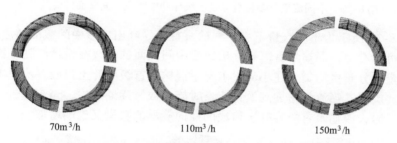

70m³/h   110m³/h   150m³/h

图 8-18   不同流量下多相混输泵首级叶轮出口段中间截面的流线分布

图 8-19 所示为不同流量下多相混输泵首级导叶进口段中间截面的流线分布，
从图中可以看出，随着流量的增加混输泵首级导叶进口段中间截面的径向旋涡逐
渐减小，且旋涡的中心逐渐向轮毂移动。从图 8-19 中还可以看出，混输泵首级
导叶进口段的旋涡不是在每个流道都存在的，随着流量的增加，混输泵首级导叶
进口段出现径向旋涡的流道数量逐渐减少，这说明随着流量的增加，混输泵首级
导叶进口段的流动得到改善。

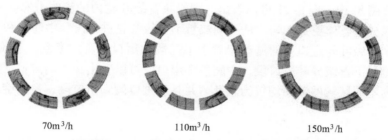

70m³/h   110m³/h   150m³/h

图 8-19   不同流量下多相混输泵首级导叶进口段中间截面的流线分布

图 8-20 所示为不同流量下多相混输泵首级导叶中间段中间截面的流线分布。
从图中可以看出，混输泵首级导叶中间段中间截面的流线分布较紊乱，存在大量

的径向旋涡，随着流量的增加，混输泵首级导叶中间段的径向旋涡先减少然后增加。从图 8-20 中还可以看出，随着流量的增加，混输泵首级导叶中间段的径向旋涡逐渐向轮毂处移动。

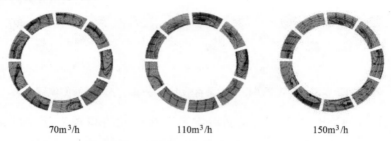

70m³/h   110m³/h   150m³/h

图 8-20   不同流量下多相混输泵首级导叶中间段中间截面的流线分布

图 8-21 所示为不同流量下多相混输泵首级导叶出口段中间截面的流线分布。从图中可以看出，混输泵首级导叶出口段中间截面的流线在设计流量下比小流量和大流量下分布更均匀，在小流量工况下混输泵首级导叶出口段各流道内存在较大的径向旋涡，当流量增加到设计流量时旋涡数量逐渐减少，当流量进一步增加到大流量时，混输泵首级导叶出口段的径向旋涡的数量又逐渐增加。

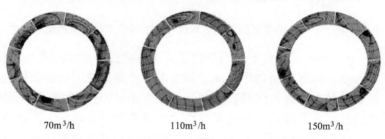

70m³/h   110m³/h   150m³/h

图 8-21   不同流量下多相混输泵首级导叶出口段中间截面的流线分布

综合图 8-19 ~ 图 8-21 可以看出，混输泵首级叶轮内的流线分布较首级导叶内的流线分布整体更加均匀。从不同流量下首级叶轮进口段、中间段和出口段可以看出，首级叶轮进口段的流动相对于中间段和出口段更加紊乱，有旋涡出现。从不同流量下首级导叶进口段、中间段和出口段可以看出，不同流量下混输泵首级导叶内不同区域的流动均较为紊乱，并且从进口段到出口段，径向旋涡大小逐渐变大。

8.2   多相混输泵增压单元内湍流耗散特性

为了进一步分析多相混输泵增压单元内的能量损失情况，探究叶片周围湍流耗散的变化规律，本节选取首级增压单元，分别在不同含气率和不同流量下对混输泵叶轮不同叶高处的湍流耗散进行取值，对比不同流量和不同含气率下湍流耗散大小的变化规律，总结出湍流耗散大小与含气率和流量的关系。

8.2.1　含气率对多相混输泵内湍流耗散分布规律的影响

由于混输泵叶轮的旋转，使得叶轮流道内的混合介质从轮毂到轮缘受到的离心力各不相同，由于轮毂处混合介质受到的离心力较小，轮缘处混合介质受到的离心力较大，使得气相往轮毂处聚集，液相往轮缘处聚集，最终使得轮毂到轮缘的湍流耗散也有所差异。

图 8-22 所示为不同含气率下首级增压单元轮毂处的叶轮叶片表面湍流耗散分布。

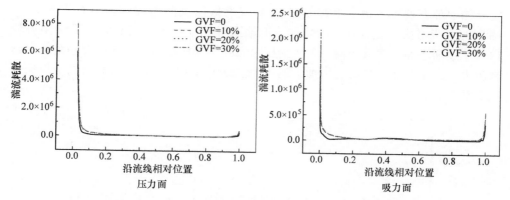

图 8-22　不同含气率下首级增压单元轮毂处的叶轮叶片表面的湍流耗散分布

从图 8-22 中可以看出，在叶轮叶片同一位置处，含气率越高，湍流耗散的值越大。还可以看出，湍流耗散较大的区域主要集中在叶轮叶片的进出口，而叶轮叶片中部的湍流耗散值几乎为零。

图 8-23 所示为不同含气率下 0.5 倍叶高处叶轮叶片表面的湍流耗散分布。从图 8-23 中可以看出，在叶片压力面，湍流耗散在叶轮进口急剧下降，下降到 0，然后保持平稳；在叶片吸力面，湍流耗散在叶轮进口也急剧下降，并在叶轮中部出现局部湍流耗散较大的区域，在叶轮出口湍流耗散值又急剧增加。这说明混输泵首级叶轮 0.5 倍叶高处叶轮叶片吸力面的流动稳定性较差，导致混输泵叶轮叶片吸力面的湍流耗散出现局部较大的现象。

图 8-24 所示为不同含气率下轮缘处叶轮叶片压力面和吸力面的湍流耗散分布。从图 8-24 可以看出，在叶轮压力面，湍流耗散在叶轮叶片进口急剧下降，下降到 0，然后保持平稳；在叶轮吸力面，湍流耗散在叶轮进口也急剧下降，并

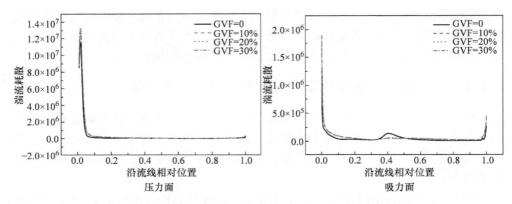

图 8-23　不同含气率下 0.5 倍叶高处叶轮叶片表面的湍流耗散分布

在叶轮中部有波动存在，在叶轮出口湍流耗散值又急剧增加。结合图 8-22 ~ 图 8-24 可以看出，随着叶高的增加，混输泵叶轮叶片压力面和吸力面的湍流耗散峰值逐渐增加，而且混输泵首级增压单元叶轮叶片吸力面中部的波动幅值也越来越大，这说明随着叶高的增加，湍流耗散逐渐增加，湍流耗散导致的能量损失也逐渐增加。

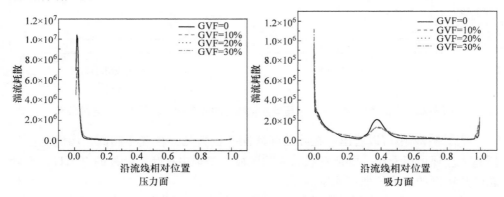

图 8-24　不同含气率下轮缘处叶轮叶片的表面湍流耗散分布

图 8-25 所示为不同含气率下多相混输泵增压单元从首级叶轮进口到末级叶轮出口的湍流耗散分布规律。从图 8-25 中可以看出，湍流耗散较大值主要集中在混输泵叶轮和导叶的进出口，而在混输泵叶轮和导叶中部的湍流耗散值相对进出口较低，且导叶内的湍流耗散值整体大于叶轮内的湍流耗散值。还可以看出，含气率对混输泵内的湍流耗散影响较小，从含气率 10% 增加到 30%，混输泵增压单元内的湍流耗散值几乎没有变化，但是含气工况的湍流耗散值在各级叶轮进口整体高于纯水工况下的湍流耗散值，在各级叶轮出口整体低于纯水工况下的湍流耗散值。

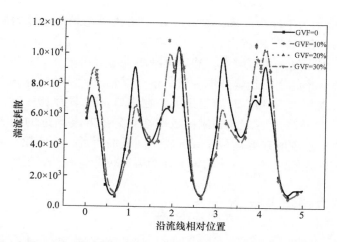

图 8-25 不同含气率下多相混输泵增压单元从首级叶轮进口到末级叶轮出口的湍流耗散分布

图 8-26 所示为不同含气率下首级叶轮进口截面轮毂到轮缘湍流耗散率的变化曲线。从图 8-26 中可以看出，在首级叶轮进口截面，从轮毂到轮缘，湍流耗散值逐渐增加，含气率对湍流耗散率的影响逐渐增加。还可以看出，随着叶高的增加，湍流耗散率的增加量也逐渐增加；在叶轮轮毂到 0.5 倍叶高之间，湍流耗散率在进口含气率为 20% 时最大，在进口含气率为 10% 次之，在进口含气率为 30% 时最小；在叶轮 0.5 倍叶高到叶轮轮缘之间，湍流耗散率在进口含气率为 30% 时最大，在进口含气率为 10% 时次之，在进口含气率为 20% 时最小；从叶轮轮毂到轮缘，不同含气率下混输泵首级叶轮进口截面湍流耗散率的值相差不大，且不同含气率下湍流耗散率从轮毂到轮缘的变化趋势基本一致。

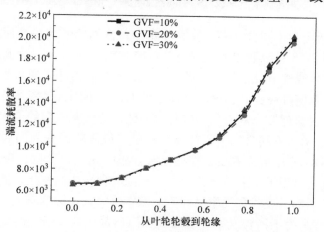

图 8-26 不同含气率下首级叶轮进口截面轮毂到轮缘湍流耗散率的变化曲线

图 8-27 所示为不同含气率下首级叶轮中间截面轮毂到轮缘湍流耗散率的变化曲线。从图 8-27 中可以看出，在混输泵首级叶轮中间截面，从轮毂到轮缘，湍流耗散率呈现出先减小再增大，然后再减小，最后再增加的趋势，且在不同含气率下湍流耗散率的变化趋势基本一致。还可以看出，从叶轮轮毂到轮缘，湍流耗散率在进口含气率为 30% 时始终最大，在进口含气率为 10% 时次之，在进口含气率为 20% 时始终最小，且湍流耗散率在 0.2 倍叶高附近的区域最小，在叶轮轮缘处最大，这说明在混输泵首级叶轮中间截面附近，在叶轮 0.2 倍叶高附近的流动情况较其他区域好，在叶轮轮缘处的流动较叶轮其他区域差。

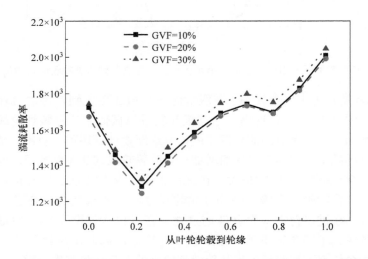

图 8-27　不同含气率下首级叶轮中间截面轮毂到轮缘湍流耗散率的变化曲线

图 8-28 所示为不同含气率下首级叶轮出口截面轮毂到轮缘湍流耗散率的变化曲线。从图 8-28 可以看出，在混输泵首级叶轮出口截面，湍流耗散率从轮毂到 0.2 倍叶高呈线性下降，且下降趋势较陡，从 0.2 倍叶高到 0.8 倍叶高缓慢下降，然后从 0.8 倍叶高到叶轮轮缘又逐渐增加，且不同含气率下首级叶轮出口截面轮毂到轮缘湍流耗散率的变化趋势基本一致，湍流耗散率的值相差很小。

图 8-29 所示为不同含气率下首级叶轮出口截面轮毂处周向湍流耗散率的变化曲线。从图 8-29 中可以看出，在混输泵首级叶轮出口截面，湍流耗散率沿周向分布不均匀，出现了 4 个明显的尖角，但随着含气率的变化，湍流耗散率沿周向的变化趋势基本一致，含气率对湍流耗散率值的大小影响不大。

图 8-30 所示为不同含气率下首级叶轮出口截面 0.5 倍叶高处周向湍流耗散率的变化曲线。从图 8-30 中可以看出，在混输泵首级叶轮出口截面 0.5 倍叶高处，湍流耗散率沿周向分布不均匀，出现了较为明显的 4 个角，且与图 8-29 相

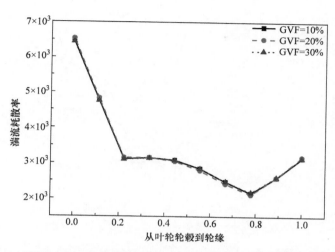

图 8-28　不同含气率下首级叶轮出口截面轮毂到轮缘湍流耗散率的变化曲线

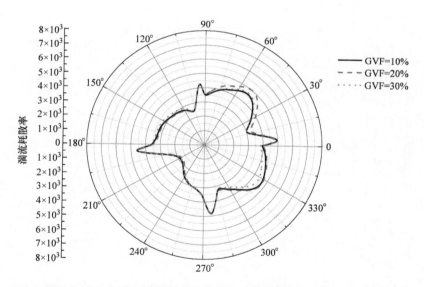

图 8-29　不同含气率下首级叶轮出口截面轮毂处周向湍流耗散率的变化曲线

比尖角更为突出。

图 8-31 所示为不同含气率下首级叶轮出口截面轮缘处周向湍流耗散率的变化曲线。从图 8-31 中可以看出，在混输泵首级叶轮出口截面轮缘处，湍流耗散值沿周向分布极不均匀，出现了 4 个明显的角，且各个角所对应的湍流耗散峰值相差较大，这说明在首级叶轮出口截面轮缘附近区域湍流耗散损失也较大。

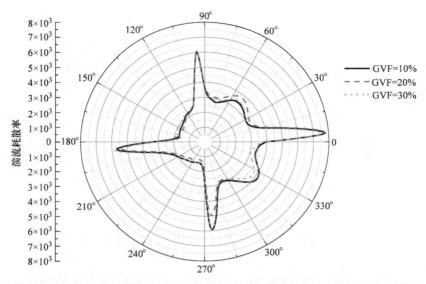

图 8-30　不同含气率下首级叶轮出口截面 0.5 倍叶高处周向湍流耗散率的变化曲线

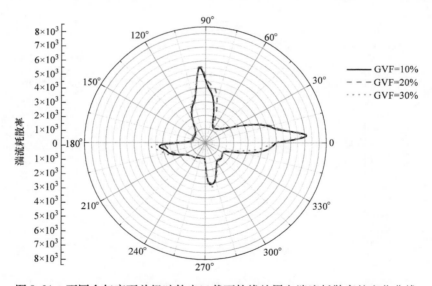

图 8-31　不同含气率下首级叶轮出口截面轮缘处周向湍流耗散率的变化曲线

8.2.2　流量对多相混输泵内湍流耗散分布规律的影响

图 8-32 所示为不同流量下首级叶轮轮毂处叶片表面的湍流耗散分布曲线。从图 8-32 中可以看出，在叶轮压力面，湍流耗散在进口处较大，且在进口随着流量的增加，湍流耗散的值越来越大，而在不同流量下从叶轮叶片进口到出口中

部的湍流耗散很小，几乎为零；在叶轮吸力面，湍流耗散的趋势和压力面一致，湍流耗散较大的区域主要集中在叶轮进出口位置。

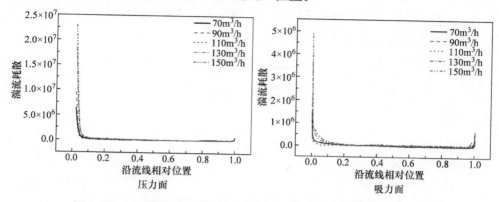

图 8-32　不同流量下首级叶轮轮毂处叶片表面的湍流耗散分布曲线

　　图 8-33 所示为不同流量下首级增压单元 0.5 倍叶高处叶轮叶片表面的湍流耗散分布曲线。从图 8-33 中可以看出，在叶轮压力面，湍流耗散在进口处较大，且在进口处随着流量的增加，湍流耗散值越来越大，而在不同流量下从叶轮进口到出口中部的湍流耗散很小，几乎为零；在叶轮吸力面，湍流耗散的趋势和压力面一致，湍流耗散较大的区域主要集中在叶轮进出口位置，但在同一位置叶轮叶片吸力面的湍流耗散值大于叶轮叶片压力面的湍流耗散值，这说明叶轮叶片吸力面上的流动不如压力面稳定。

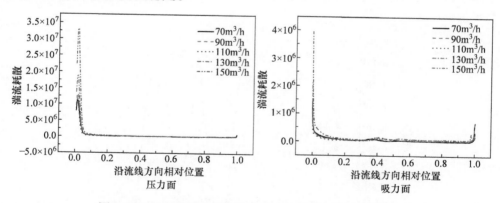

图 8-33　不同流量下首级增压单元 0.5 倍叶高处叶轮叶片
表面的湍流耗散分布曲线

　　图 8-34 所示为不同流量下首级叶轮轮缘处叶片表面的湍流耗散分布曲线。从图 8-34 中可以看出，在叶轮叶片压力面，湍流耗散在进口处较大，并且在进

口处随着流量的增加，湍流耗散的值越来越大，而在不同流量下湍流耗散在叶轮进口到出口中部位置的湍流耗散很小，几乎为零；在叶轮吸力面，湍流耗散的趋势和压力面一致，湍流耗散较大的区域主要集中在叶轮进出口位置，但是在叶轮吸力面湍流耗散出现了明显的波动现象。

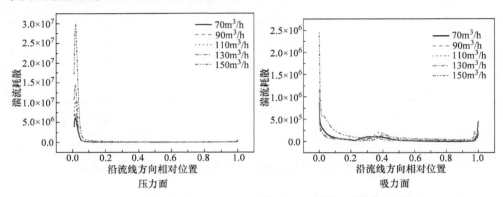

图 8-34　不同流量下首级叶轮轮缘处叶片表面的湍流耗散分布曲线

　　图 8-35 所示为不同流量下多相混输泵增压单元从首级叶轮进口到末级叶轮出口的湍流耗散变化曲线。从图 8-35 中可以看出，导叶内的湍流耗散值整体大于叶轮内的湍流耗散值，并且随着流量的增加，湍流耗散整体逐渐降低。还可以看出，在叶轮和导叶进出口位置的湍流耗散较大，在叶轮和导叶中部的湍流耗散值较小，这说明在叶轮和导叶的进出口流动不均匀，导致该区域的湍流耗散也随之增加。

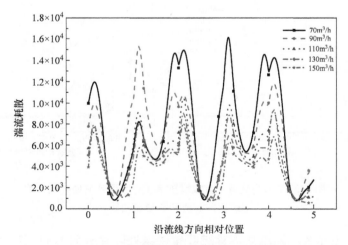

图 8-35　不同流量下多相混输泵增压单元从首级叶轮进口
到末级叶轮出口的湍流耗散变化曲线

图 8-36 所示为不同流量下多相混输泵首级叶轮进口截面轮毂到轮缘湍流耗散率的变化曲线。从图 8-36 中可以看出，在混输泵首级叶轮进口截面，从轮毂到轮缘湍流耗散率逐渐增加，且在轮毂到 0.5 倍叶高的范围内，湍流耗散率在大流量下的值整体大于小流量下的值，在 0.5 倍叶高到轮缘之间，小流量下的湍流耗散率整体大于大流量下的湍流耗散。说明在混输泵首级叶轮进口截面，在大流量下靠近轮毂处的流动较为紊乱，而在小流量下靠近轮缘处的流动较为紊乱。

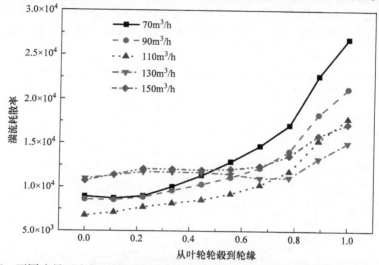

图 8-36　不同流量下多相混输泵首级叶轮进口截面轮毂到轮缘湍流耗散率的变化曲线

图 8-37 所示为不同流量下多相混输泵首级叶轮中间截面轮毂到轮缘湍流耗

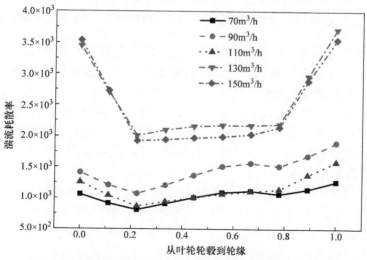

图 8-37　不同流量下多相混输泵首级叶轮中间截面轮毂到轮缘湍流耗散率的变化曲线

散率的变化曲线。从图 8-37 中可以看出，在混输泵首级叶轮中间截面湍流耗散率从轮毂到轮缘先减小再增大，且从轮毂到轮缘在大流量下的湍流耗散率明显大于小流量下的湍流耗散率。说明在混输泵首级叶轮中间截面，大流量下的流动较为紊乱，而小流量下的流动相对较为稳定。

图 8-38 所示为不同流量下多相混输泵首级叶轮出口截面轮毂到轮缘湍流耗散率的变化曲线。从图 8-38 中可以看出，在混输泵首级叶轮出口截面，湍流耗散率从轮毂到轮缘先减小再增大，且小流量下的湍流耗散率整体大于大流量下的湍流耗散率。说明在混输泵首级叶轮出口截面，小流量下的流动较大流量下的更为紊乱。

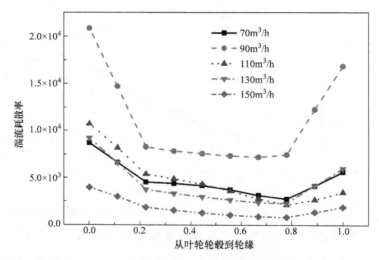

图 8-38　不同流量下多相混输泵首级叶轮出口截面轮毂到轮缘湍流耗散率的变化曲线

图 8-39 所示为不同流量下首级叶轮出口截面轮毂处周向湍流耗散率的变化曲线。从图 8-39 中可以看出，在混输泵首级叶轮出口截面轮毂附近，湍流耗散值沿周向分布不均匀，湍流耗散值较大的区域偏向一边。还可以看出，在混输泵首级叶轮出口截面轮毂附近，流量为 90m³/h 时湍流耗散率最大，然后按流量为 110m³/h、130m³/h、70m³/h、150m³/h 的顺序减小，湍流耗散率的大小直接反映湍流耗散损失的大小，这说明流量为 90m³/h 时混输泵首级叶轮出口截面轮毂附近湍流耗散损失最大，流量为 150m³/h 时最小。

图 8-40 所示为不同流量下首级叶轮出口截面 0.5 倍叶高处周向湍流耗散率的变化曲线。从图 8-40 中可以看出，在混输泵首级叶轮出口截面 0.5 倍叶高处，湍流耗散值沿周向分布不均匀，出现了与叶轮叶片数一致的 4 个角，并且其中三个角的最大值较大，其中一个角较小。

图 8-41 所示为不同流量下首级叶轮出口截面轮缘处周向湍流耗散率的变化

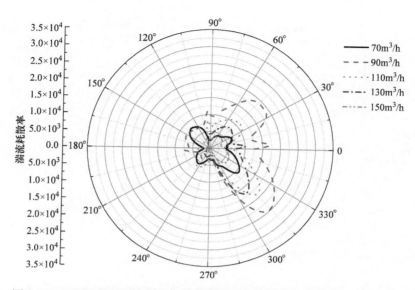

图 8-39 不同流量下首级叶轮出口截面轮毂处周向湍流耗散率的变化曲线

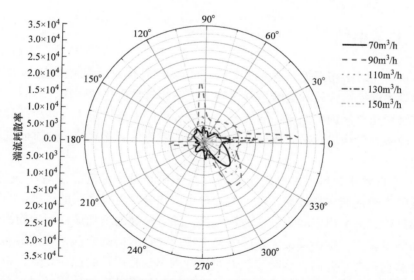

图 8-40 不同流量下首级叶轮出口截面 0.5 倍叶高处周向湍流耗散率的变化曲线

曲线。从图 8-41 中可以看出，在混输泵首级叶轮出口截面轮缘处，湍流耗散值沿周向分布较不均匀，且在流量为 90m³/h 时的湍流耗散率明显大于其余几个流量工况下的湍流耗散率。

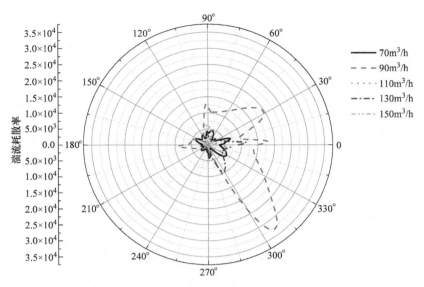

图 8-41　不同流量下首级叶轮出口截面轮缘处周向湍流耗散率的变化曲线

8.3　本章小结

　　本章首先对多相混输泵各级叶轮和导叶内的轴向旋涡和径向旋涡展开了分析，得到了混输泵叶轮和导叶内旋涡随含气率和流量变化的规律，然后对多相混输泵首级增压单元内的湍流耗散展开了定量分析，主要分析了从叶轮叶片进口到出口、轮毂到轮缘以及沿着周向方向的湍流耗散值的变化规律。通过研究得到以下结论：

　　1）在叶轮进口区域，当转速较低时流体流动较为稳定，随着转速的增加，该区域的流动逐渐变得较为紊乱；在叶轮出口和导叶进口之间的区域，当转速较低时靠近轮毂区域出现较大的逆时针旋涡，随着转速的增加该区域的旋涡逐渐减小，而随着转速的继续增加，该区域又出现逆时针方向的旋涡，且该旋涡逐渐向轮缘处移动；在导叶内，当转速较低时导叶内出现较严重的回流现象，随着转速的增加该区域的回流现象越来越严重，随着转速的继续增加，该区域出现较大的逆时针旋涡，且该旋涡位置靠近轮毂，而随着转速的进一步增加，该区域的旋涡旋转方向变为顺时针方向，且该旋涡基本充满整个导叶流道。

　　2）流量对混输泵叶轮内旋涡的形成和演变也有较大的影响，特别是在小流量工况下旋涡最大，这是因为小流量下叶片对流体的约束能力较弱，易出现较大的旋涡，而随着流量的增加，叶片对流体的约束能力增强，所以旋涡较小，流动较为稳定。

3）含气工况下旋涡主要分布在混输泵导叶内，从轮毂到轮缘混输泵叶轮进口逐渐出现轴向回流旋涡，混输泵导叶内的轴向旋涡大小逐渐减小，且主要集中在混输泵导叶吸力面靠近出口的位置，不同含气率下混输泵各级叶轮内几乎没有轴向旋涡产生，叶轮内流动较均匀。

4）含气工况下混输泵首级导叶进口段中间截面均存在旋涡，且随着含气率的增加，旋涡的结构变化不大，但不同流道内旋涡的大小存在差异。从混输泵首级导叶的进口段、中间段到出口段，混输泵导叶内的径向旋涡逐渐增大，数量逐渐增加，且混输泵导叶内的径向旋涡逐渐向轮缘移动。

5）不同流量工况下混输泵的轴向旋涡主要分布在混输泵导叶内，随着流量的增加，混输泵导叶内的轴向旋涡逐渐变小直至消失，且轴向旋涡有向导叶出口移动的趋势；在小流量工况下，混输泵各级叶轮进口出现轴向旋涡，随着流量的增加，该现象消失，随着叶高的增加混输泵导叶内的轴向旋涡明显减小。

6）多相混输泵首级叶轮进口段对流量的变化较为敏感，随着流量的增加混输泵首级导叶进口段中间截面的径向旋涡大小逐渐减小，且旋涡的中心逐渐向轮毂移动，混输泵首级导叶中间段和出口段的径向旋涡先减少然后增加；从不同流量下首级叶轮进口段、中间段和出口段可以看出，首级叶轮进口段的流动相对于中间段和出口段更加紊乱，有径向旋涡出现。

7）含气工况下叶轮叶片压力面和吸力面的湍流耗散分布规律相似，在叶轮叶片同一位置处，含气率越高，湍流耗散的值越大，湍流耗散较大的区域主要集中在叶轮叶片的进出口；随着叶高的增加，混输泵叶轮叶片压力面和吸力面的湍流耗散峰值逐渐增加，混输泵首级增压单元叶轮叶片吸力面中部的波动幅值越来越大，导叶内的湍流耗散值整体大于叶轮内的湍流耗散值。

8）在首级叶轮进口位置，从轮毂到轮缘，不同含气率下混输泵首级叶轮进口处的湍流耗散值相差不大，随着叶高的增加，湍流耗散逐渐增加，湍流耗散率也逐渐增加；在混输泵首级叶轮中间截面，从轮毂到轮缘，湍流耗散率呈现出先减小再增大，然后再减小，最后再增加的趋势；在混输泵首级叶轮出口位置，湍流耗散值呈现出先迅速减小然后缓慢减小最后又迅速增加的趋势。

9）湍流耗散率在沿周向分布不均匀，出现了4个明显的尖角，不同含气率下湍流耗散值沿周向的变化趋势基本一致，从轮毂到轮缘，随着叶高的增加，湍流耗散值沿周向出现的尖角越来越突出。

10）不同流量工况下，湍流耗散较大的区域主要集中在叶轮进出口位置，叶轮叶片中部的湍流耗散几乎为零；从轮毂到轮缘，叶片吸力面湍流耗散值的波动增加，导叶内的湍流耗散值整体大于叶轮内的湍流耗散值，随着流量的增加，叶轮和导叶内湍流耗散的整体值逐渐降低。

11）在混输泵首级叶轮进口截面，从轮毂到轮缘湍流耗散率逐渐增加，在轮毂到 0.5 倍叶高之间湍流耗散率在大流量下的值整体大于小流量下的值，在 0.5 倍叶高到轮缘之间小流量下的湍流耗散率值整体大于大流量下的湍流耗散率值。在混输泵首级叶轮中间截面，湍流耗散率从轮毂到轮缘先减小再增大，且从轮毂到轮缘大流量下的湍流耗散率值明显大于小流量下的湍流耗散值。在混输泵首级叶轮出口截面，湍流耗散率从轮毂到轮缘先减小再增大，且小流量下的湍流耗散率整体大于大流量下的湍流耗散率。

第9章

多相混输泵能量转换特性

叶片式流体机械在当今工业发展过程中起着重要的作用，其能够使流体机械与流体介质发生能量的交换与传递，将之应用于工业生产，因此有关流体介质与流体机械之间能量转换的研究对提高工业生产效率至关重要，尤其是多相介质下的能量转换特性的研究更接近工程实际，因此本章主要对多相混输泵叶轮域能量变化规律和能量转换特性进行介绍，为螺旋轴流式多相混输泵的优化设计提供指导方向。

9.1 多相混输泵叶片压力载荷分布规律

叶片压力载荷分布对多相混输泵叶轮做功能力有重要的影响，为进一步分析多相混输泵叶轮做功能力的变化规律，本章在不同介质工况下通过对多相混输泵内流场进行数值模拟，对多相混输泵叶轮在纯液和气液两相介质下的压力载荷分布规律进行分析。

9.1.1 纯液条件下多相混输泵叶片压力载荷分布规律

叶轮叶片压力载荷为压力面与吸力面的压差，为进一步探究轴流式多相混输泵做功能力，对不同流量下多相混输泵叶片不同叶高处静压分布及压力载荷分布进行分析，选取叶片表面 3 条流线，分别为 span = 0（叶片与轮毂交线）、span = 0.5（中间流线）及 span = 1（叶片轮缘处流线），分别提取各工况下这 3 条流线的静压数据，并将各流线上的静压数据点的相对位置进行归一化处理，叶片相对位置为 0 的位置为叶轮叶片进口，叶片相对位置为 1 的位置为叶轮叶片出口，最终得到混输泵叶片表面的静压分布及叶片表面压力载荷分布，分别如图 9-1 和图 9-2所示。

通过对比图 9-1 中叶片表面静压分布曲线可知，在各流量工况下，叶片压力面和吸力面各流线静压变化规律均较为相似，且压力面从轮毂到轮缘静压值逐渐增大，而吸力面从轮毂到轮缘静压交替变化，叶片表面静压分布不均匀。从

图9-1中还可看出，小流量工况下多相混输泵压力面各流线之间的静压差值明显大于大流量工况，这说明多相混输泵叶轮叶片压力面沿叶高方向静压梯度随着流量的增加而逐渐减小，且进口区域的静压波动在逐渐扩大，这说明随着流量的增

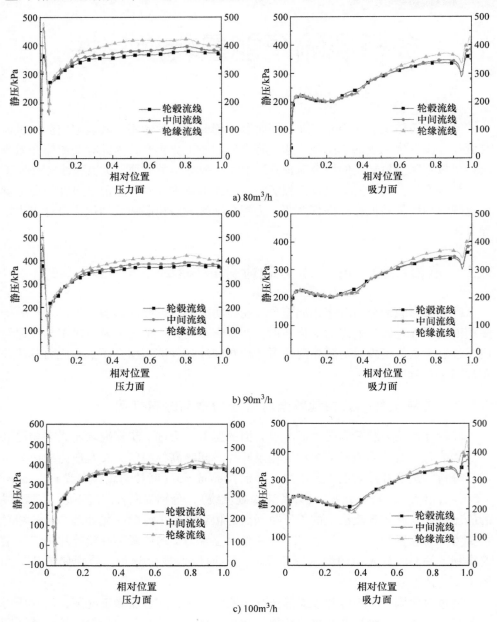

图9-1　不同流量下多相混输泵叶片表面静压分布曲线

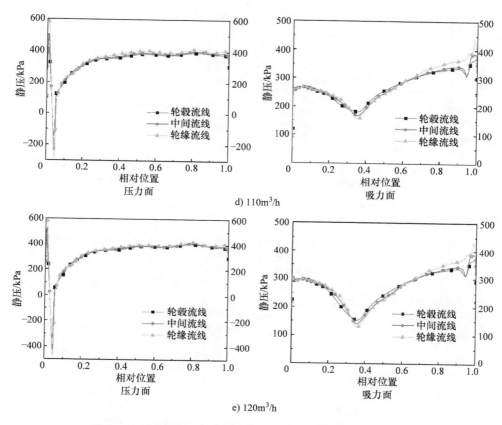

d) 110m³/h

e) 120m³/h

图9-1　不同流量下多相混输泵叶片表面静压分布曲线（续）

加，叶轮进口区域的能量损失在逐渐增加，这与混输泵外特性分析中，随着流量的增加叶轮水力效率逐渐降低一致；还可以看出，随着流量的增加，多相混输泵叶片吸力面不同叶高处静压的最低点由相对位置0.2逐渐向0.4转移，且低压区域在逐渐扩大，这说明随着流量的增加，多相混输泵叶片吸力面在相对位置0.2～0.4区域内的低压区域在逐渐扩大。

通过对多相混输泵叶片压力面和吸力面静压求差得到叶轮叶片从进口到出口的压力载荷分布，如图9-2所示为不同流量下多相混输泵叶轮叶片表面压力载荷分布曲线。从图9-2可看出，在不同流量工况下多相混输泵叶轮叶片表面不同叶高处压力载荷分布曲线均呈现先增后减的趋势，这说明多相混输泵叶轮从进口到出口做功能力先增后减；还可看出，在叶轮进口区域，随着流量的增加，该区域叶片压力载荷为负值的范围在逐渐增加，说明随着流量的增加，叶轮域做功高效区域开始逐渐缩小，叶轮进口做负功区域逐渐扩大。

从图9-2a、图9-2b可以看出，在小流量工况下，在相对位置0～0.2范围

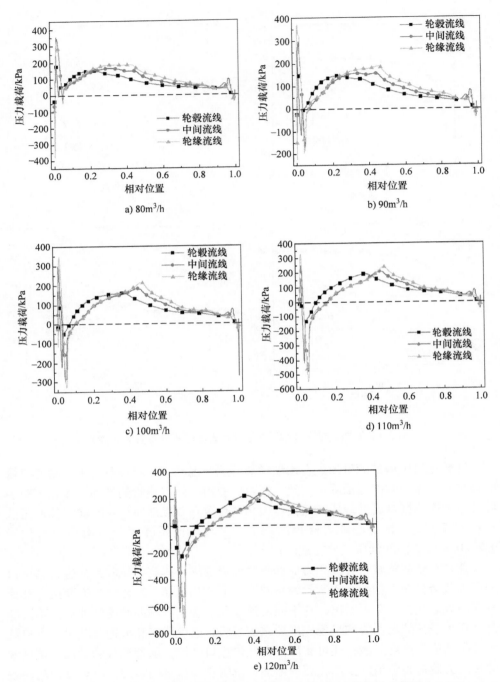

图 9-2　不同流量下多相混输泵叶轮叶片表面压力载荷分布曲线

内，轮毂流线压力载荷最大，中间流量及轮缘流线压力载荷值相差很小，而在相对位置 0.2~1 范围内，轮缘流线处压力载荷最大，中间流线次之，轮毂最小，这说明在小流量工况下，在相对位置 0~0.2 范围内轮毂处做功能力明显强于叶轮其他区域，在相对位置 0.2~1 范围内从轮毂到轮缘做功能力逐渐增强；随着流量的增大，在设计流量和大流量工况下，轮毂做功能力强的区域在逐渐扩大，而轮缘做功能力强的区域在逐渐缩小。另外还可看出，随着流量的增加，各流线压力载荷曲线波动在逐渐增大，且其峰值均逐渐向出口方向偏移。由于叶片载荷分布与相对速度相关，载荷曲线的波动会使叶轮内相对速度产生波动，叶轮内的流动变得较为紊乱，反之叶轮内速度分布越均匀则内部流动越稳定，且叶片最大载荷值应该在叶轮中部稍偏向进口处最佳，随着最大载荷向出口移动，泵性能开始变差。由第 6 章可知，在混输泵叶轮靠近叶片吸力面进口区域，随着流量的增加，速度梯度由逐渐减小变为先增大后减小，这说明随着流量的增加，多相混输泵叶轮进口区域流动不稳定性逐渐加剧，叶轮水力效率逐渐降低，叶轮做功能力逐渐下降，能量损失逐渐增加，且叶轮性能开始逐渐变差。

9.1.2 气液两相条件下多相混输泵叶片压力载荷分布规律

上文对纯液介质下多相混输泵内叶轮静压分布及叶片压力载荷分布规律进行了分析，为进一步探究气液两相条件下多相混输泵的做功能力，本节将选取不同流量（80m³/h、100m³/h、120m³/h）、不同进口含气率（GVF = 5%、GVF = 10%、GVF = 15%、GVF = 20%）工况对多相混输泵进行分析，通过提取叶片表面 3 条流线（span = 0、span = 0.5、span = 1）从叶片进口到出口的静压数据，最终得到如图 9-3 所示的多相混输泵叶轮叶片表面静压分布曲线及如图 9-4 所示的多相混输泵叶轮叶片表面压力载荷分布曲线。

由图 9-3 可看出，各工况下多相混输泵叶片压力面不同流线静压分布规律相似，且静压值均较为接近，而叶片吸力面各流线静压分布规律也相似，但静压值相差较大，说明多相混输泵叶片压力面静压分布几乎不受进口含气率变化的影响，而叶片吸力面静压分布则受进口含气率变化影响较为明显；还可以看出，在小流量工况下，多相混输泵叶片吸力面静压仅在进口相对位置 0~0.4 范围内受进口含气率变化影响明显，随着流量的增加，在设计流量工况下叶轮叶片吸力面叶片相对位置在 0~0.7 范围内受含气率变化影响较大，而在大流量工况下该区域进一步扩大，叶轮叶片吸力面受含气率变化影响区域为相对位置 0~0.8 范围内，说明在大流量工况下叶轮吸力面静压比小流量工况更易受到进口含气率的影响；另外还可看出，在设计流量和大流量工况下，进口区域各流线均出现不同程度的叶片吸力面静压值大于压力面静压值的情况，这不利于多相混输泵做功，且在同一流量下，随着含气率的增加，各流线叶片吸力面静压值大于压力面静压值的区域在逐渐扩大。

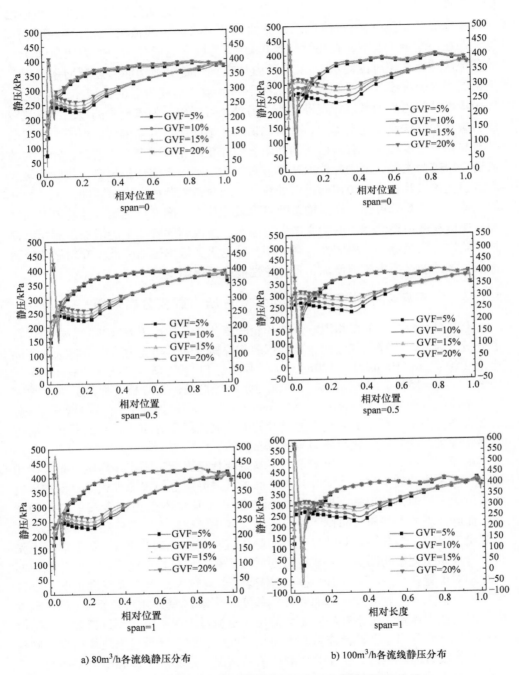

a) 80m³/h各流线静压分布 b) 100m³/h各流线静压分布

图9-3 不同工况下多相混输泵叶轮叶片表面静压分布曲线

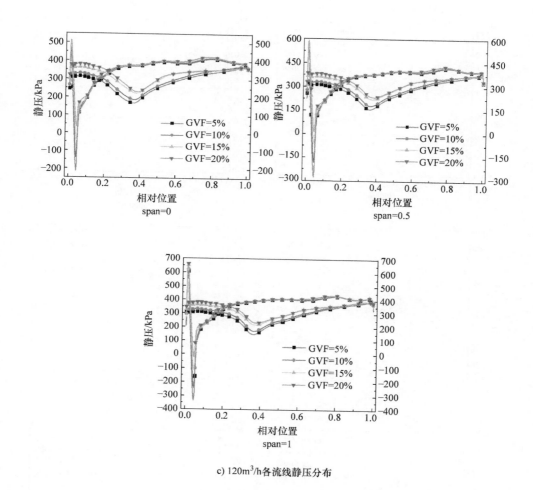

c) 120m³/h各流线静压分布

图9-3　不同工况下多相混输泵叶轮叶片表面静压分布曲线（续）

从图9-4可以看出，在同一流量下，各流线压力载荷从叶片进口到出口变化规律相似，且与纯液介质下变化规律一致，呈现先增大后减小的趋势，这说明在不同进口含气率下多相混输泵叶轮的做功能力先增大后减小；还可看出，在同一流量下，随着含气率的增加压力载荷逐渐降低，且各流线压力载荷为负值的区域也在逐渐扩大，说明随着含气率的增加多相混输泵的做功能力在逐渐减弱，这主要是因为随着含气率的增加，在叶轮叶片吸力面气体聚集现象逐渐明显，流道变窄，叶轮流道内气液分离加剧，导致叶轮做功能力减弱。

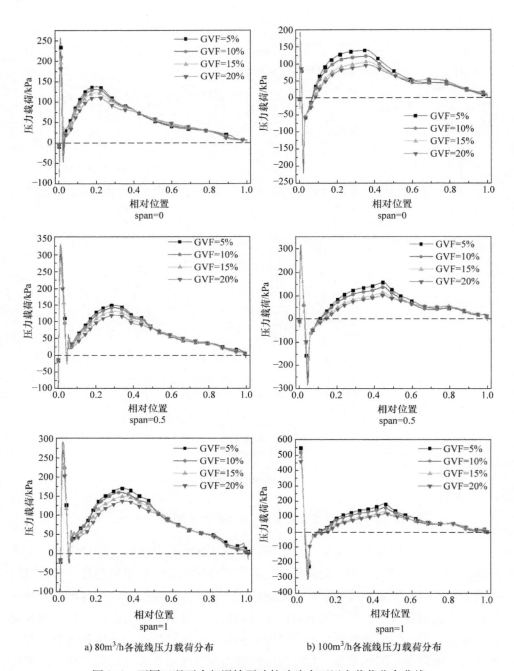

a) 80m³/h各流线压力载荷分布   b) 100m³/h各流线压力载荷分布

图 9-4　不同工况下多相混输泵叶轮叶片表面压力载荷分布曲线

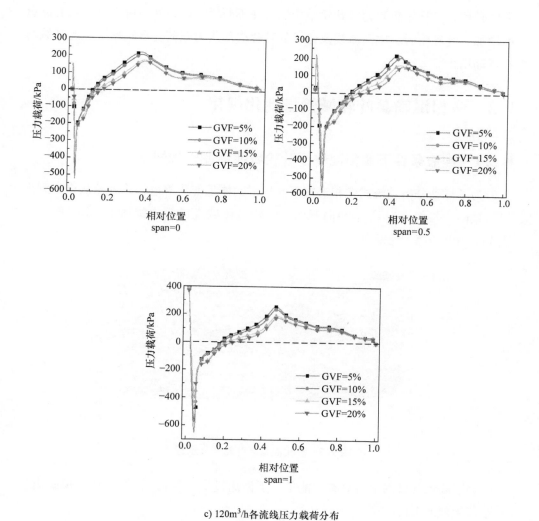

c) 120m³/h各流线压力载荷分布

图 9-4 不同工况下多相混输泵叶轮叶片表面压力载荷分布曲线（续）

从图 9-4 中还可看出，在小流量工况下，各流线压力载荷基本为正值，做功状况良好，随着流量的增加，在设计流量和大流量工况下，叶片进口处压力载荷为负值的区域在不断扩大，这说明在气液两相工况下流量的增大会使得多相混输泵叶轮进口区域的做功效率下降；还可看出，在相同进口含气率下，压力载荷的峰值随着流量的增加开始逐渐向出口移动，且该峰值从轮毂到轮缘逐渐增大，这与纯液介质下的变化规律一致，说明多相混输泵的做功高效率区开始向叶轮出口方向转移，且从轮毂到轮缘叶轮做功能力在不断增强；另外还可看出，随着流量的增加，叶轮轮毂、中间流线及轮缘处叶片表面压力载荷受含气率影响的区域均在逐渐增大。

9.2 多相混输泵叶轮域能量变化规律

9.2.1 纯液条件下多相混输泵叶轮域能量变化规律

为了详细分析轴流式多相混输泵叶轮域的能量变化规律，将叶轮从进口到出口沿轴向均匀划分为 11 个径向截面，叶轮流体域进口面为截面 1，出口面为截面 11，如图 9-5 所示。

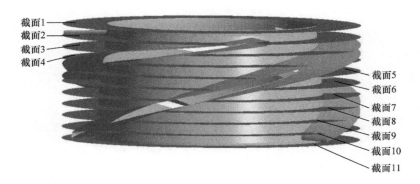

图 9-5　多相混输泵叶轮划分示意

为了表示各截面上所具有的能量，下面通过式（9-1）计算得到多相混输泵叶轮各个截面上的功率：

$$P_a = \int_A p_a \boldsymbol{v} \boldsymbol{n} \mathrm{d}A \tag{9-1}$$

式中　p_a——绝对坐标系下的总压（Pa）；

　　　$\boldsymbol{v}$——通过质量守恒方程求解得到的速度矢量（m/s）；

　　　$\boldsymbol{n}$——单位法向矢量；

　　　$\mathrm{d}A$——微元面积（m²）。

为了进一步分析多相混输泵叶轮内的能量变化规律，由流体机械基本方程可知，多相混输泵中总压由静压和动压组成，根据式（9-1）可将总功率分为静压功率和动压功率，分别按照式（9-2）及式（9-3）进行计算：

$$P_{\mathrm{d}} = \int_A p_{\mathrm{d}} \boldsymbol{vn} \mathrm{d}A \tag{9-2}$$

$$P_{\mathrm{s}} = \int_A p_{\mathrm{s}} \boldsymbol{vn} \mathrm{d}A \tag{9-3}$$

式中　P_{d}、P_{s}——动压功率和静压功率（W）；

p_{d}、p_{s}——绝对坐标系下的动压和静压（Pa）。

图 9-6 所示为纯液介质不同流量下多相混输泵叶轮沿轴向的各截面功率分布曲线。从图 9-6 中可以看出，各流量工况下多相混输泵沿轴向各截面的功率变化趋势相近。叶轮域前 3 个截面，在小流量工况下功率整体呈现逐渐增加的趋势，且随着流量的增加，从截面 1 到截面 2 区域功率增加的梯度逐渐减小，在大流量工况下功率呈现逐渐减小的趋势，而截面 2 到截面 3 区域随着流量的增加，功率由上升趋势转变为下降的趋势，由 9.1 节可知，在此区域随着流量的增加，叶轮进口区域做功能力在逐渐减弱，因此随着流量的增加，截面 1 到截面 3 区域的功率由逐渐增加变为逐渐下降；从截面 3 到截面 11 区域，不同流量工况下叶轮各截面功率均逐渐增大，截面 3 到截面 8 区域各截面功率快速增大，截面 8 到截面 11 区域功率的增幅在逐渐减小，说明叶轮的主要做功部位为截面 3～截面 8，且大流量工况功率增大的梯度明显大于小流量工况。综上可知，叶轮所携带的机械能主要在截面 3～截面 11 区域传递给流体介质。

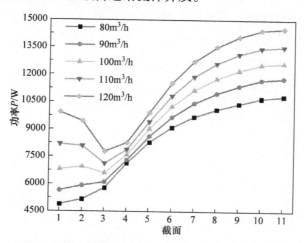

图 9-6　纯液介质不同流量下多相混输泵叶轮沿轴向的各截面功率分布曲线

通过式（9-2）及式（9-3）计算得到了如图 9-7 所示的纯液介质不同流量下多相混输泵叶轮沿轴向各截面的静压功率及动压功率分布曲线。从图 9-7 可以看出，各截面静压功率分布规律与总压功率变化规律相似，且各截面静压功率值明显大于动压功率值，说明多相混输泵叶轮的机械能主要转换成了流体介质的静压能；还可看出，各截面静压功率与流量成正比，即随着流量的增加，各截面静压功率均有所增大，且在截面 1～截面 3 区域静压功率与动压功率均出现较大的能量波动；在截面 3～截面 11 区域，静压功率与动压功率均处于不断增大的过程。

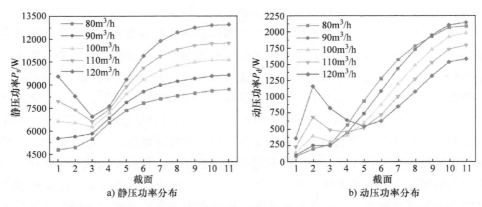

a) 静压功率分布　　　　　　　　　　　b) 动压功率分布

图 9-7　纯液介质不同流量下多相混输泵叶轮沿轴向各截面的静压功率与动压功率分布曲线

　　为进一步探究叶轮域能量变化规律，下面对多相混输泵叶轮各区域输出功率的净能量变化规律进行分析，各区域净能量为相邻两个截面的能量差值。图 9-8 所示为纯液介质不同流量下多相混输泵叶轮各区域输出功率的净能量变化曲线。

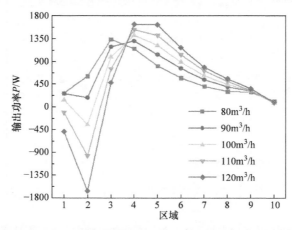

图 9-8　纯液介质不同流量下多相混输泵叶轮各区域输出功率的净能量变化曲线

　　从图 9-8 可以看出，多相混输泵叶轮的前 3 个区域输出的净能量与流量成反比，且第 1 区域、第 2 区域受流量影响较大，随着流量的增加，叶轮输出的净能量下降速率逐渐增大，说明在第 1 区域和第 2 区域叶轮做功能力较差；还可看出，多相混输泵第 4 区域～第 8 区域叶轮净输出能量与流量成正比，即随着流量的增加，叶轮同一区域净输出能量在逐渐增大，而第 9 区域和第 10 区域净能量与流量相关性较小；当流量一定时，叶轮第 2 区域到第 3 区域的净输出能量在逐渐增大，而第 4 区域到第 10 区域叶轮的净输出能量在逐渐减少，这也说明叶轮在第 2 区域到第 3 区域做功能力在逐渐增加，第 4 区域到第 10 区域做功能力在逐渐减弱。

9.2.2　气液两相条件下多相混输泵叶轮域能量变化规律

为分析气液两相介质下多相混输泵叶轮内能量变化规律，下面对进口含气率为 5%、10%、15% 及 20% 的工况进行数值计算，通过式（9-1）计算得到了如图 9-9 所示的气液两相介质下多相混输泵叶轮沿轴向各截面的功率分布曲线。

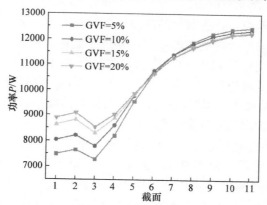

图 9-9　气液两相介质下多相混输泵叶轮沿轴向各截面的功率分布曲线

从图 9-9 可以看出，在各含气率工况下，叶轮截面 1 到截面 3 区域功率均呈现先增大后减小的趋势，在截面 4 到截面 11 区域功率呈现逐渐增加的趋势；由 9.2.1 节还可看出，纯液介质下叶轮进口截面 1 与出口截面 11 之间差值最大，随着进口含气率的增加，该差值在逐渐减小，这也说明了随着含气率的增加，叶轮的做功能力在逐渐减弱；还可看出在截面 1～截面 6 区域各截面功率受含气率影响较大，而在截面 7～截面 11 区域叶轮各截面的功率受含气率影响不大，这说明含气率的存在主要影响叶轮前半部分的做功能力。

图 9-10 所示为气液两相介质不同进口含气率下多相混输泵叶轮沿轴向各截面的静压功率分布及动压功率分布。

从图 9-10 可以看出，当进口含气率一定时，叶轮截面 1 到截面 3 区域的静压功率逐渐减小，动压功率先增后减，截面 4 到截面 11 区域动压功率及静压功

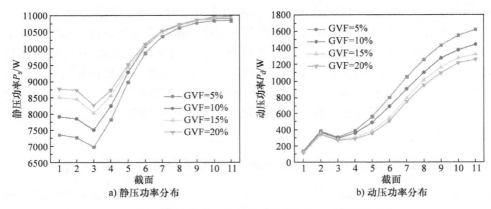

a) 静压功率分布

b) 动压功率分布

图9-10　气液两相介质不同进口含气率下多相混输泵
叶轮沿轴向各截面的静压功率与动压功率分布

率均呈逐渐增大的趋势，且各截面的静压功率明显大于动压功率，这说明在气液两相介质下多相混输泵叶轮机械能主要转换成了流体介质的静压能；从图9-10a可以看出，截面7到截面11区域静压功率与进口含气率的相关性较小，叶轮其他截面的静压功率随着进口含气率的增加而逐渐升高；从图9-10b可以看出，在截面1～截面3区域动压功率与进口含气率的相关性较小，叶轮其他各截面的动压功率随着含气率的增加而逐渐降低。

图9-11所示为气液两相介质不同进口含气率下多相混输泵叶轮各区域输出功率的净能量变化曲线。由图9-11可以看出，第1区域～第2区域及第7区域～第11区域输出功率均与进口含气率无明显的相关性，说明这些区域做功能力受含气率影响较小，而在第3区域～第6区域叶轮各截面的静输出功率随着含气率的增加而逐渐降低；还可看出，除了第2区域叶轮输出功率值为负外，其他

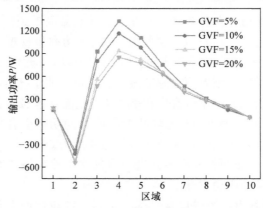

图9-11　气液两相介质不同进口含气率下多相混输泵叶轮各区域输出功率的净能量变化曲线

区域的输出功率均大于零，这说明该混输泵叶轮整体做功性能表现良好；第 2 区域到 3 区域叶轮的输出功率在逐渐增大，而第 4 区域到第 10 区域叶轮的输出功率在逐渐下降，说明第 2 区域到第 3 区域叶轮做功能力在不断增强，第 4 区域到第 10 区域叶轮做功能力在逐渐减弱。

9.3　多相混输泵叶轮域能量转换特性

9.3.1　纯液条件下多相混输泵叶轮域能量转换特性

多相混输泵叶轮是其将机械能转换成压力能的主要部位，因此进行多相混输泵叶轮域能量转换特性的研究显得极为重要，为了进行多相混输泵叶轮域能量转换特性的分析，本节通过流体机械欧拉方程对其能量转化过程进行表征，将多相混输泵叶轮域能量分解为离心力产生项 H_c、翼型升力做功项 H_a 及容积变化产生项 H_v。

流体机械欧拉方程为

$$H_{T\infty} = \frac{u_2 c_2 - u_1 c_1}{g} = \frac{c_2^2 - c_1^2}{2g} + \frac{u_2^2 - u_1^2}{2g} + \frac{w_1^2 - w_2^2}{2g}$$
$$= H_a + H_c + H_v \tag{9-4}$$

其中，第一项称为叶轮域动扬程：

$$H_d = H_a = \frac{c_2^2 - c_1^2}{2g} \tag{9-5}$$

第二项和第三项之和称为叶轮域静扬程：

$$H_p = H_c + H_v = \frac{u_2^2 - u_1^2}{2g} + \frac{w_1^2 - w_2^2}{2g} \tag{9-6}$$

式中　　H——扬程（m）；

u、c、w——混输叶片不同点的牵连速度、绝对速度和相对速度（m/s）；

g——重力加速度（m/s^2）；

下标 1、2——叶轮的进口和出口。

为了分析多相混输泵叶轮域的能量转换特性，本节在多相混输泵叶轮叶片压力面和叶片吸力面沿叶片型线方向的轮缘线和轮毂线，对其沿包角的速度和压力参数进行能量转换特性分析（见图 9-12）。在监测曲线上从叶片进口到出口均匀选取 21 个数据点，得到多相混输泵叶轮片压力面和叶片吸力面的轮缘和轮毂处压力及速度参数沿包角的变化曲线。

图 9-13 所示为纯液介质下多相混输泵叶轮各参数沿包角变化曲线。通过图中多相混输泵叶轮域速度参数变化可以看出，在同一工况下多相混输泵叶轮轮毂

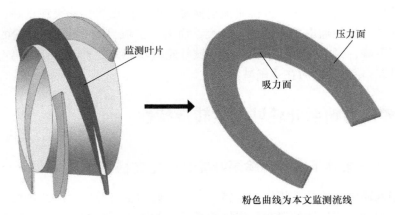

图 9-12　监测叶片位置及监测流线示意图

处的牵连速度缓慢增加，而轮缘处的牵连速度则保持不变，根据牵连速度定义可知，牵连速度是由其所在位置的半径决定的，而多相混输泵叶轮域为渐缩型流道，从叶轮进口到出口轮缘处半径保持不变，轮毂处逐渐增加，因此轮毂处牵连速度逐渐增加，轮缘处保持不变，且叶轮叶片压力面与吸力面轮缘和轮毂处的相对速度变化趋势与绝对速度变化趋势相反，这主要是因为本书所用多相混输泵在同一叶高处从叶片进口到叶片出口牵连速度值变化不大，因此可近似认为叶片同一叶高处的牵连速度值相同，而在同一流量下叶片进口到出口轴面速度值不变，通过分析叶轮内速度三角形可知，当牵连速度与轴面速度值不变时，相对速度值的变化趋势与绝对速度值相反，因此出现了混输泵叶轮域相对速度与绝对速度变化趋势相反的规律；另外从图 9-13 还可看出，多相混输泵叶片压力面和吸力面压强整体随着包角的增大而逐渐增大，这符合多相混输泵的做功原理，且叶轮轮缘处压力均要大于轮毂处，这是由于在多相混输泵叶轮中流体介质受到较大的离心力作用，流体介质受到惯性力的作用而向轮缘处流动，流体介质在轮缘处所受到叶轮的约束要大于轮毂处，从而使得叶轮在轮缘处对流体的做功能力强于轮毂处，因此出现叶轮域轮缘线的压力整体大于轮毂处的现象，同时也进一步证明了多相混输泵叶轮域从轮毂到轮缘做功能力逐渐增强。

　　进一步分析图 9-13a、图 9-13b 可看出，多相混输泵叶轮叶片压力面轮缘处及轮毂处在叶片包角为 0～60°范围内，随着包角的增大，相对速度逐渐减小，绝对速度整体逐渐增加，在此区域叶轮内静压及总压快速增大，而当包角大于 60°以后，相对速度略增大，而绝对速度有所减小，静压及总压变化随着包角的增大增幅不大，这说明多相混输泵叶轮叶片压力面对流体介质做功的区域主要在包角为 0～60°范围内，且由欧拉方程可知，随着相对速度逐渐增大，容积变化产生项 H_v 逐渐减小，这将使得泵的效率降低，多相混输泵叶轮域能量转换的品

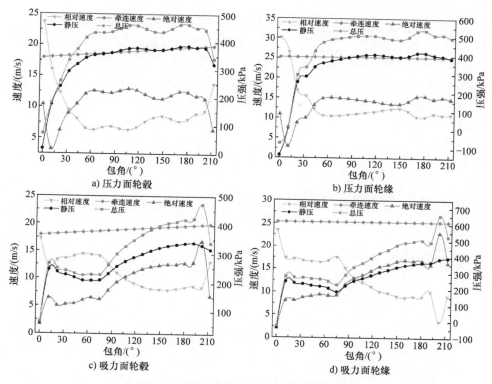

图9-13　多相混输泵叶轮各参数沿包角变化曲线

质也随之降低；分析图9-13c、图9-13d 可看出，多相混输泵叶轮叶片吸力面轮缘处及轮毂处，在叶片包角为 0~60°范围内，随着包角的增大，相对速度和绝对速度除叶片进口有波动外，整体较为平稳，随着包角的增大，该区域相对速度和绝对速度变化不大，而静压和总压除叶片进口有较大波动外，整体随着包角的增大而缓慢下降，而在包角大于 60°以后，相对速度随着包角的增大整体呈减小的趋势，绝对速度整体呈增加的趋势，在此区域多相混输泵叶片吸力面静压及总压均随着包角的增大而逐渐增大，说明多相混输泵叶轮吸力面的主要做功区域为包角大于 60°以后。

为进一步对螺旋轴流式多相混输泵能量转换性能进行分析，本节对多相混输泵叶轮域沿叶片包角方向的能量传递性能进行分析，基于上文获取的速度参数，通过式（9-4）、式（9-5）进行计算，得到如图 9-14 所示的多相混输泵叶片压力面与吸力面轮缘和轮毂处沿包角能量变化曲线。分析图 9-14a、图 9-14b 可知，在多相混输泵叶片包角为 0~60°范围内，沿叶片压力面轮缘及轮毂，随着包角的增大，动静扬程的增加值除进口处动扬程为负外均大于零，说明在此区域多相混输泵动扬程及静扬程整体在不断增大，能量传递性能较好。从图中还可看出在包角 60°以后，随着包角的增大，沿叶片压力面轮毂，动静扬程的增值在零附近上下波动，这说此区域的能量传递不稳定，而沿叶轮叶片吸力面轮缘，除叶片出口附近动静扬程的增值在零附近波动，其他区域动静扬程的增值基本为零，这说明此区域的叶轮对流体介质的做功较差，能量传递性能不好。

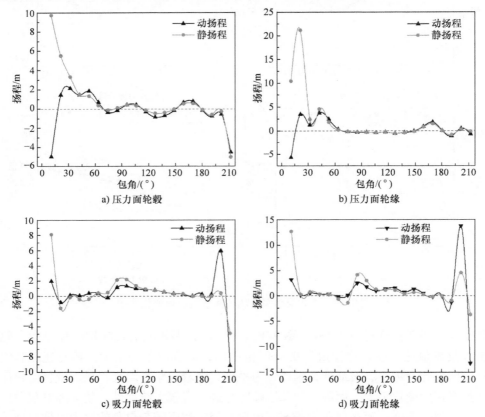

图 9-14　多相混输泵叶片压力面与吸力面轮缘和轮毂处沿包角能量变化曲线

　　由图 9-14c、图 9-14d 可知，在叶轮叶片吸力面轮毂处，静扬程的增值除了在包角为 0～60°范围内为负值外，在其他区域整体大于零，而动扬程除了少量的区域增值是负值外，整体均大于零，从前面章节的云图分析可知，叶轮流道内靠近吸力面进口区域会产生明显的低压区域，这说明此低压区域的存在影响了多相混输泵叶轮进口段能量的传递效果，吸力面轮毂处在包角 60°以后，静扬程保持较好的增长，能量传递性能优异，动扬程在吸力面轮毂处能量传递性能整体表现良好。还可看出，在吸力面轮缘处，动静扬程的增值在包角为 0～60°范围内几乎为零，而在包角 60°以后除出口区域扬程增加值出现波动外，动静扬程增加值整体大于零，这说明多相混输泵叶轮叶片吸力面轮缘处在包角从 60°到叶片出口范围内能量传递效果良好。

9.3.2　气液两相条件下多相混输泵叶轮域能量转换特性

为进一步探究在气液两相介质下多相混输泵叶轮域能量传递性能,在上节纯液介质的基础上,选取进口含气率为10%工况,对多相混输泵在气液两相介质下叶轮域的能量转换特性进行分析。图9-15所示为气液两相介质下多相混输泵叶轮叶片表面各参数沿包角变化曲线,图9-16所示为进口含气率为10%的叶轮域气相分布云图。从图9-15可以看出,气液两相介质下多相混输泵沿包角方向的各参数波动明显大于纯液介质下,这说明在气液两相介质下多相混输泵叶轮域流动的不稳定性要高于纯液介质下的流动,主要原因从图9-16可以看出,在叶轮轮毂处气体主要聚集在叶片吸力面靠近出口区域,在压力面靠近出口区域也有少量聚集,而在叶轮轮缘处气体主要聚集在吸力面中部,叶片表面气体的聚集区域为多相混输泵叶轮内各参数均出现波动的区域,因此多相混输泵气相介质的存在会使得多相混输泵叶轮域流动不稳定性加剧,最终影响多相混输泵的做功能力。

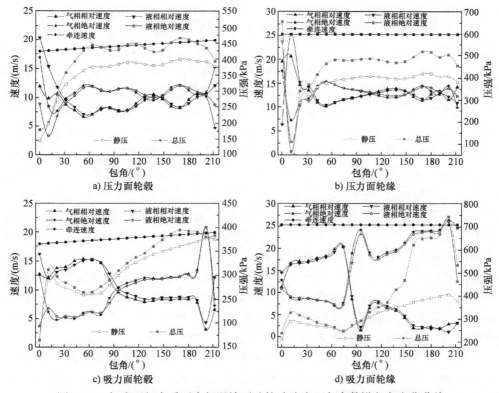

图9-15　气液两相介质下多相混输泵叶轮叶片表面各参数沿包角变化曲线

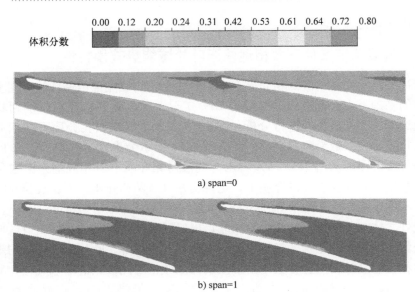

体积分数 0.00 0.12 0.20 0.24 0.31 0.42 0.53 0.61 0.64 0.72 0.80

a) span=0

b) span=1

图 9-16 进口含气率为 10% 的叶轮域气相分布云图

从图 9-15 还可看出，在气液两相介质下多相混输泵气相及液相出现了明显的速度滑移现象，且在叶轮叶片压力面和吸力面轮缘处，从叶片进口到出口，两相的速度滑移现象在逐渐增大，说明在气液两相介质下多相混输泵叶轮域出现了流动分离现象，且从叶片进口到出口气液两相流动分离的程度在逐渐增加，从而导致两相流介质从叶片进口到出口的流动分离现象加剧，最终造成多相混输泵叶轮域水力损失增加，能量转换能力下降。从图 9-15 还可看出，在气液两相条件下，多相混输泵叶轮叶片在包角为 0~60° 范围内，其压力面相对速度整体呈逐渐减小的趋势，绝对速度呈逐渐增大的趋势，叶片吸力面在该区域相对速度与绝对速度整体变化不大，这与多相混输泵在纯液工况下的变化趋势基本一致，说明在叶轮叶片包角为 0~60° 范围内，多相混输泵叶轮域的流动分离现象不明显，气液两相混合均匀性较好，而在叶片包角 60° 以后，多相混输泵叶片压力面和吸力面各处的速度参数波动开始明显大于其在纯液介质下，这说明在包角 60° 以后多相混输泵叶轮域流动分离现象开始逐渐加剧，这将导致在此区域叶轮对流体做功能力相较纯液工况进一步减弱，能量的传递性变差，特别是叶片吸力面轮缘中后部，总压的增速明显高于静压，且在叶轮出口区域甚至出现了叶片吸力面总压高于压力面总压的情况，说明在多相混输泵叶轮叶片吸力面轮缘出口区域的流体介质流动较为紊乱，这对于多相混输泵做功是极为不利的。

图 9-17 所示为气液两相介质下多相混输泵叶轮域监测流线各段沿包角能量变化曲线。从图 9-17 可看出，在多相混输泵叶轮域除了进出口处的两相能量增值的变化规律相差较大外，在叶轮其他区域两相的能量增加值变化规律基本一

致，且变化规律与纯液介质下较为相似，这主要是因为本书所选取的工况为该多相混输泵低含气工况，气液两相流的混合均匀性相对良好，在叶轮域气液分离并不是特别明显，因此叶轮对气液两相的做功规律与纯液介质下较为相似。

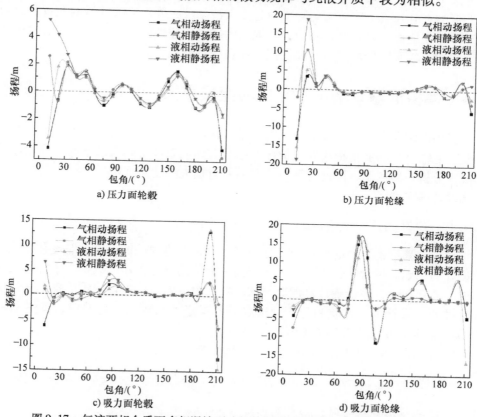

a) 压力面轮毂

b) 压力面轮缘

c) 吸力面轮毂

d) 吸力面轮缘

图 9-17　气液两相介质下多相混输泵叶轮域监测流线各段沿包角能量变化曲线

从图 9-17 还可看出，在叶轮叶片压力面叶片包角为 0～60°范围内，多相混输泵叶轮域气液两相流介质的能量增值除进口处整体大于零，而在此区域叶片吸力面能量增值基本趋于或小于零，说明在叶轮域叶片包角为 0～60°范围内动静扬程除了进口处整体呈逐渐增大的趋势，在此区域多相混输泵叶轮不断给流体介质做功，且由前述对气液两相流工况下的叶轮域压力载荷分析可知，在此区域压力载荷随包角不断增大，说明在此区域叶轮对气液两相流体介质的做功能力在逐渐增强；在叶轮叶片包角为 60°以后，多相混输泵叶片压力面轮缘处气液两相流的能量增值基本小于零，在此区域的叶片吸力面轮缘处，除了叶轮中部液相聚集区域能量增值出现较大的震荡，其他区域整体大于零，这说明在此区域叶轮叶片压力面的能量传递性能较叶片吸力面差，而在此区域的叶轮叶片压力面轮毂处的能量增值在零上下波动，这主要是因为在叶轮叶片压力面轮毂处气液两相流在此区域发生了气液分离现象，导致此处出现了气相的聚集，产生了能量损失，使得叶轮轮毂处此区域的能量传递质量下降，能量的传递不稳定，这也说明在气液两相介质下多相混输泵在叶轮域叶片压力面包角为 60° 以后的能量传递性能较差，而此区域在叶片吸力面轮毂处除出口处能量波动较大外，其他区域的能量增值均大于零，说明此区域在叶片吸力面轮毂处的能量传递性能良好，且在气液两相介质下多相混输泵叶轮域能量传递性能要比在纯液介质下差。

9.4　多相混输泵增压单元内的能量损失

多相混输泵在不同工况下运行时，常常伴随着各种能量损失，为了探究不同工况下混输泵内的能量损失变化情况，本节对纯液条件不同流量下的各种能量损失展开分析，得到了不同流量下混输泵内能量损失的变化规律，为混输泵的结构优化设计提供参考。

9.4.1　能量损失计算方法

准确计算混输泵内的能量损失是预测混输泵性能的关键，也是混输泵叶轮优化设计的基础。尽管在这方面前人已经做了大量的研究工作，但是由于混输泵内部流动的复杂性，要精确计算混输泵增压单元内的能量损失很困难。本节通过前人做过的大量计算、实验和分析，选取了各项修正系数 $k_1 \sim k_4$ 的值，其中 k_1 取 0.008，k_2 取 0.0202，k_3 取 0.0162，k_4 取 0.1。

1）混输泵各级叶轮和导叶进口冲击损失为

$$\Delta h_1 = k_1 \frac{W_1^2}{2g} \tag{9-7}$$

式中　W_1——叶轮或导叶进口相对速度（m/s）。

2）混输泵各级叶轮和导叶内摩擦损失为

$$\Delta h_3 = Zk_2\lambda \frac{l_a}{D_a}\frac{W_a^2}{2g} \tag{9-8}$$

式中　Z——叶片数；

　　　λ——沿程摩擦系数；

　　　l_a——流道水力长度（m），$l_a = \dfrac{D_2 + D_1}{2(\sin\beta_2 + \sin\beta_1)}$；

　　　D_a——流道平均直径（m），$D_a = \dfrac{D_2 + D_1}{2}$；

　　　W_a——平均相对速度（m/s），$W_a = 0.5(W_1 + W_2)$；

　　下标 1——进口；

　　下标 2——出口。

3）混输泵各级叶轮扩散损失和导叶内收缩损失为

$$\Delta h_4 = k_3 \frac{|W_1^2 - W_2^2|}{2g} \tag{9-9}$$

4）混输泵各级叶轮和导叶内的湍流耗散损失为

$$\Delta h_5 = k_4 \frac{\int_v \rho \varepsilon \mathrm{d}v}{\rho g Q} \tag{9-10}$$

式中 ρ——介质密度（$\mathrm{kg/m^3}$）；

ε——湍流耗散率；

Q——流量（$\mathrm{m^3/h}$）。

9.4.2   增压单元内能量损失分析

1. 叶轮内的能量损失

表9-1所列为不同流量下叶轮内各能量损失大小。从表9-1可以看出，混输泵各级叶轮进口总的冲击损失以及各级叶轮内总的扩散损失随着流量的增加逐渐增加，各级叶轮内总的摩擦损失先增大再减小，各级叶轮内总的湍流耗散损失逐渐减小。

表9-1   不同流量下叶轮内各能量损失大小

流量/（$\mathrm{m^3/h}$）	冲击损失/m	摩擦损失/m	扩散损失/m	耗散损失/m	损失总和/m
70	0.511	0.558	0.081	1.196	2.345
90	0.652	0.602	0.286	0.797	2.336
110	0.779	0.630	0.558	0.467	2.434
130	0.819	0.631	0.693	0.379	2.522
150	0.839	0.624	0.807	0.259	2.529

表9-2所示为不同流量下叶轮内各能量损失占比。从表9-2可以看出，随着流量的增加，叶轮进口冲击损失占比越来越大，叶轮内摩擦损失占比先增大再减小，叶轮内扩散损失占比越来越大，叶轮内湍流耗散损失占比越来越小。从表9-2还可以看出，在小流量工况下叶轮内的能量损失以湍流耗散损失为主，在大流量工况下叶轮内的能量损失以叶轮进口冲击损失和叶轮流道扩散损失为主。

表9-2   不同流量下叶轮内各能量损失占比

流量/（$\mathrm{m^3/h}$）	冲击损失	摩擦损失	扩散损失	耗散损失
70	21.774%	23.779%	3.440%	51.007%
90	27.921%	25.749%	12.219%	34.111%
110	32.026%	25.868%	22.937%	19.169%
130	32.485%	25.012%	27.467%	15.036%
150	33.172%	24.686%	31.909%	10.234%

表9-3 所列为不同流量下各级叶轮内能量损失大小。从表9-3 可以看出，首级叶轮内的能量损失随着流量的增加逐渐增加，而次级叶轮和末级叶轮内的能量损失随着流量的增加均没有明显规律。从表9-3 还可以看出，在小流量工况下次级叶轮和末级叶轮能量损失相对较大，在大流量工况下首级叶轮和次级叶轮能量损失相对较大。

表9-3 不同流量下各级叶轮内能量损失大小

流量/(m³/h)	首级叶轮/m	次级叶轮/m	末级叶轮/m	总和/m
70	0.706	0.875	0.764	2.345
90	0.741	0.715	0.880	2.336
110	0.778	0.850	0.806	2.434
130	0.866	0.840	0.817	2.522
150	0.937	0.800	0.791	2.529

表9-4 所列为不同流量下各级叶轮内能量损失占比。从表9-4 可以看出，随着流量的增加，首级叶轮内的能量损失占比逐渐增加，次级叶轮内的能量损失无明显规律，末级叶轮内的能量损失先增大再减小。

表9-4 不同流量下各级叶轮内能量损失占比

流量/(m³/h)	首级叶轮	次级叶轮	末级叶轮
70	30.117%	37.300%	32.583%
90	31.722%	30.606%	37.673%
110	31.965%	34.912%	33.122%
130	34.321%	33.307%	32.372%
150	37.067%	31.655%	31.279%

图9-18 所示为多相混输泵叶轮内各类能量损失随流量的变化规律。从图9-18 可以看出，随着流量的增加各级叶轮进口的冲击损失增加趋势有所不同，首级叶轮进口的冲击损失随着流量的增加逐渐增加，到设计流量过后增加趋势稍有变缓，而次级叶轮和末级叶轮到设计流量过后进口的冲击损失变缓趋势较为明显。还可以看出，当大于设计流量时，首级叶轮内的摩擦损失逐渐变缓，次级叶轮内的摩擦损失逐渐下降，且出现驼峰，末级叶轮内的摩擦损失有缓慢的下降。

2. 导叶内的能量损失

表9-5 所列为不同流量下导叶内各能量损失大小。从表9-5 可以看出，导叶进口冲击损失、摩擦损失和收缩损失均随着流量的增加先减小再增大，而导叶内的湍流耗散损失随着流量的增加逐渐减小，导叶内总的能量损失随着流量的增加也逐渐减小。

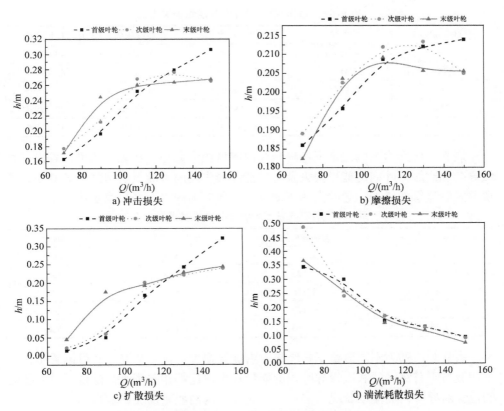

a) 冲击损失　　　　　　　　　　b) 摩擦损失

c) 扩散损失　　　　　　　　　　d) 湍流耗散损失

图 9-18　多相混输泵叶轮内各类能量损失随流量的变化规律

表 9-5　不同流量下导叶内各能量损失大小

流量/(m³/h)	冲击损失/m	摩擦损失/m	收缩损失/m	耗散损失/m	损失总和/m
70	0.120	1.440	0.044	1.288	2.892
90	0.111	1.105	0.041	0.879	2.136
110	0.112	0.928	0.105	0.547	1.692
130	0.113	0.895	0.118	0.419	1.546
150	0.126	0.949	0.147	0.300	1.522

　　表 9-6 所列为不同流量下导叶内各能量损失占比。从表 9-6 可以看出，随着流量的增加，导叶进口冲击损失占比、导叶内摩擦损失占比和导叶内流道收缩损失占比均逐渐增加，而导叶内湍流耗散损失占比逐渐减小。从表 9-6 还可以看出，在各个流量工况下，导叶内的能量损失都主要以湍流耗散损失和摩擦损失为主，这两类损失占据了导叶内水力损失的较大比例。

表9-6 不同流量下导叶内各能量损失占比

流量/(m³/h)	冲击损失	摩擦损失	收缩损失	耗散损失
70	4.151%	49.794%	1.527%	44.528%
90	5.186%	51.732%	1.904%	41.177%
110	6.633%	54.826%	6.232%	32.309%
130	7.314%	57.898%	7.658%	27.129%
150	8.293%	62.347%	9.661%	19.699%

表9-7所列为不同流量下各级导叶内能量损失大小。从表9-7可以看出，首级导叶和次级导叶内的能量损失及总的能量损失均随着流量的增加逐渐减小，这说明随着流量的增加，导叶内的流动越好，导叶内的水力损失也越小。

表9-7 不同流量下各级导叶内能量损失大小

流量/(m³/h)	首级导叶/m	次级导叶/m	总和/m
70	1.383	1.509	2.892
90	1.121	1.015	2.136
110	0.816	0.875	1.692
130	0.777	0.769	1.546
150	0.765	0.757	1.522

表9-8所列为不同流量下各级导叶内能量损失占比。从表9-8可以看出，在不同流量下首级导叶和次级导叶内的能量损失占比都相差不大，这说明导叶所处的位置对导叶内的流动状况影响不大，对导叶内的能量损失影响也不大。

表9-8 不同流量下各级导叶内能量损失占比

流量/(m³/h)	首级导叶	次级导叶
70	47.821%	52.179%
90	52.471%	47.529%
110	48.257%	51.743%
130	50.270%	49.730%
150	50.248%	49.752%

图9-19所示为多相混输泵导叶内各类能量损失随流量的变化规律。从图9-19可以看出，各级导叶进口的冲击损失变化幅值较小，变化的最大幅值都不超过0.01m。随着流量的增加导叶内的摩擦损失先减小再增大，且首级导叶和次级导叶内的摩擦损失相差不大，各级导叶内的摩擦损失随着流量的变化趋势也基本相同。还可以看出，各级导叶内的收缩损失随着流量的增加逐渐增加，但是次级导叶内的收缩损失增加较为平稳，首级导叶内的收缩损失波动性较大，当流量小于设计流量时，首级导叶内的收缩损失小于次级导叶内的收缩损失，当流量大于设计流量时，首级导叶内的收缩损失大于次级导叶内的收缩损失。随着流量

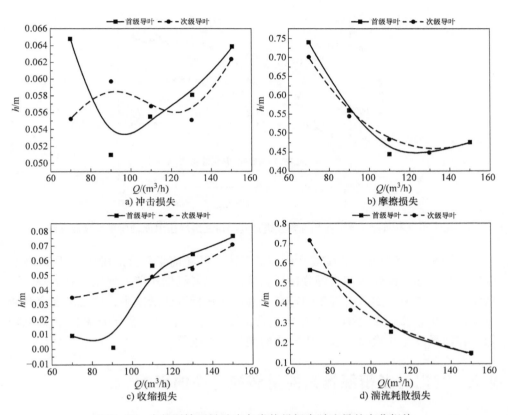

图 9-19 多相混输泵导叶内各类能量损失随流量的变化规律

的增加，各级导叶内的湍流耗散值也逐渐接近。

3. 多相混输泵流道内水力损失分析

图 9-20 所示为不同含气率下多相混输泵进口到出口三级增压单元轴向平均静压曲线。从图 9-20 可发现，从进口到出口压力曲线呈上升趋势，由于导叶具有一定的扩压整流作用，因此在各级导叶中压力也有略微的升高。受动静干涉及有限叶片数的影响，各级动静交界处平均静压均存在下降的情况，而且随着含气率的升高，此处的静压下降越小，说明含气率的升高降低了两相介质的密度，动能较小引起的水力损失也较小，但气相的聚集现象会对流动产生影响，随着气相的体积分数的升高，堵塞过流通道，此时影响会更明显。在导叶后半段相分离现象有所缓解，运动较稳定。对比叶轮增压可发现，混合介质的增压过程主要发生在叶片前半部分，而且随着含气率的升高，叶轮后半部分的增压能力有所下降，这主要是因为气相逐渐向叶轮后半轮毂处聚集，阻止了叶轮与两相介质的接触。严重时会造成气堵现象，降低了叶轮与介质之间的能量交换。

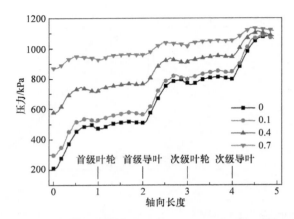

图 9-20　不同含气率下多相混输泵进口到出口三级增压单元轴向平均静压曲线

由图 9-20 还可看出，随着含气率的升高，叶轮前半部分的增压长度在缩短，表明气相逐渐在向叶轮前半部分伸展，从而造成各级增压单元增压能力下降，降低泵的增压能力。随着含气率的升高，静压曲线梯度逐渐减小，这也与混合介质密度的变化有关。含气率高的混合介质密度较低，单位体积所具有的能量也较低，在能量发生转换时，可用于转化的能量必然也低。

9.5　空化对多相混输泵能量转换特性的影响

不同含气率下空化的演变对多相混输泵的内部流场有较大的影响，而由空化引起泵内部流场的改变和多相混输泵增压性能的降低有着必然的联系。因此本节从多相混输泵叶轮做功能力和能量损失两方面来具体探究由空化导致多相混输泵增压性能降低的原因。

9.5.1　空化对多相混输泵做功性能的影响

在不同含气率对应的空化状态下，计算多相混输泵叶轮壁面的黏性力和压力所做的功率，得到了进口含气率为 0、10% 和 20% 和不同空化状态下叶轮的输出功率，如图 9-21 所示。由图 9-21 可知，各含气率和不同空化阶段中，叶轮输出的总功率主要以叶轮表面压力所做的功率为主，而黏性力所做的功率只占总功率的很小一部分，还可以发现，随着含气率的升高，相同空化阶段下多相混输泵叶轮的压力和黏性力所做的功率逐渐减小，导致输出的总功率逐渐降低。临界空化阶段，随着含气率的升高，黏性力所做的功率分别占总功率约 12%、11% 和 11%，当空化发展到第二阶段时，与临界空化相比黏性力所做的功率分别降低了约 400W、300W 和 230W，而压力做的功率降低了约 256W、−97W 和 −50W。

当空化发展到第三阶段时，随着含气率的升高压力所做的功率与第二阶段空化相比分别降低了约4578W、1627W和1479W，而黏性力所做的功率分别降低了约−59W、218W和227W。

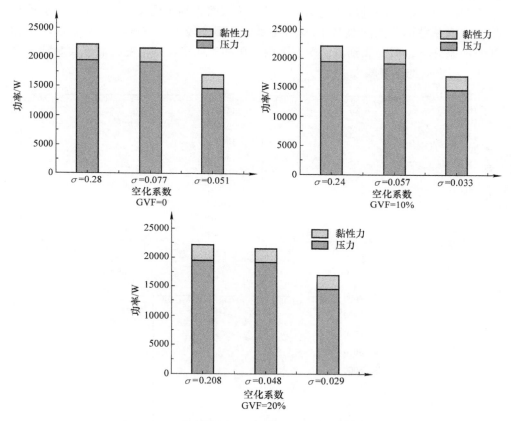

图9-21 不同含气率和空化状态下叶轮的输出功率

由以上的分析可以发现，在各含气率对应的第二空化阶段，造成多相混输泵输出功率降低主要是由黏性力做功减小所导致的，而在第三空化阶段，多相混输泵输出功率下降则主要是由于叶轮表面压力所做的功率减小导致的，且在第三空化阶段压力所做功率减小的幅度远大于第二空化阶段黏性力所做功率减小的幅度。还可以发现，随着含气率的增加，多相混输泵输出的总功率逐渐减小。

为了探究空化演变对多相混输泵叶轮域总压功率变化规律的影响，利用公式（9-1）来求得每一个截面的总压功率，图9-22所示是进口含气率分别为0、10%、20%和不同空化状态下包括叶轮进出口在内的11个径向截面的总压功率变化曲线。由图9-22可知，在不同含气率对应的临界空化状态下，从叶轮进口截面到出口截面，总压功率大致呈现出先急剧升高然后平稳增加的趋势；当空化发展到第二阶段时，在截面 1 到截面 4 范围内的总压功率相较于临界空化时差别较小，且每个截面上的总压功率与临界空化的差值随着含气率的增加而减小，而从截面 4 到出口范围内，总压功率相较于临界空化状态降低幅度较大；当空化发展到第三阶段时，在进口含气率为 0 时，从截面 2 到截面 7，总压功率几乎没有增加，而从截面 7 到截面 10 的总压功率增长幅度较大，在进口含气率为 10% 和 20% 的条件下，截面 2 到截面 5 范围内总压功率几乎保持不变，而截面 5 到截面 7 总压功率增加幅度较大。

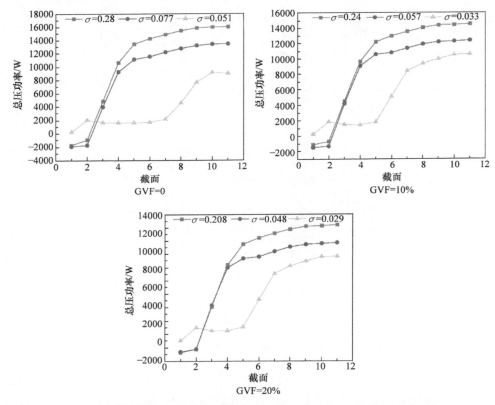

图 9-22　不同含气率和空化状态下叶轮径向各截面的总压功率变化曲线

为了对各个截面的总压功率变化规律进行详细的探究，把总压功率分为静压功率 P_s 和动压功率 P_d 两部分，利用式（9-2）、式（9-3）进行计算。图 9-23 所示是不同含气率和空化状态下各径向截面的静压功率分布曲线，图 9-24 所示是不同含气率和空化状态下各径向截面的动压功率曲线。由图 9-23 可知，在各含气率对应的临界空化状态下，各截面静压功率曲线的变化趋势和总压功率大体相同；在各含气率对应的第二空化阶段，由于进口压力的减小，使得各截面静压功率低于临界空化时的静压功率；当空化发展到第三阶段时，进口含气率为0、10%和20%分别对应截面2到截面7、截面2到截面5，截面2到截面5的范围内静压功率几乎不变，而空化末端区域对应截面7到截面10、截面5到截面7，截面5到截面7静压功率增长幅度较大。

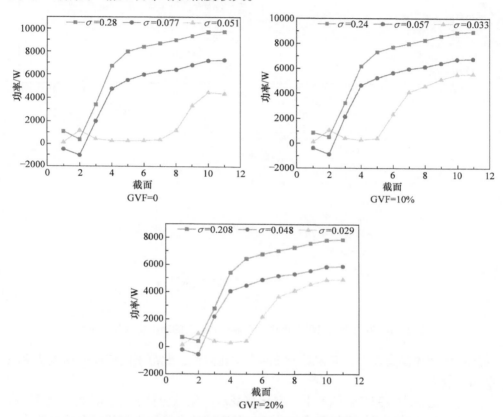

图9-23　不同含气率和空化状态下各径向截面的静压功率分布曲线

由图9-24可知，在各含气率对应的临界空化状态下，各截面动压功率曲线的变化趋势呈现出先急剧增大然后平稳增加的趋势；当空化发展到第二阶段时，相较于临界空化状态，在不同含气率下分别对应截面1到截面5、截面1到截面6，截面1到截面6的范围内各截面的动压功率增加，而对应截面的静压功率减小，而对应空泡末端区域的截面6到截面7动压功率有所降低，由前面的分析可知，由于空化末端区域较大的逆压梯度形成的回流旋涡加剧了能量的耗散，使得通过该范围内截面的动压功率减小；当空化发展到第三阶段时，随着含气率的增加，在不同含气率下分别从截面1到截面7、截面1到截面5，截面1到截面5动压功率增加幅度较小，而从截面7到截面9、截面5到截面7，截面5到截面7

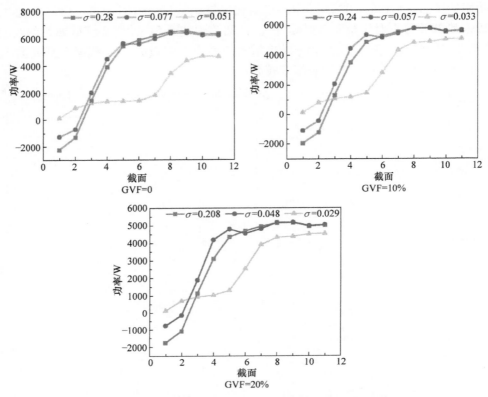

图 9-24　不同含气率和空化状态下各径向截面的动压功率分布曲线

动压功率增加幅度较大，但相对于前两个空化阶段，此范围内截面的动压功率减小幅度较大。

为了进一步研究各含气率下，空化演变对叶轮域流体获得的净能量的影响，下面对各流体域获得的净能量进行分析，各区域的净能量为相邻两个截面的总压功率的差值。图 9-25 所示是进口含气率分别为 0、10%、20% 和不同空化状态下多相混输泵叶轮各区域流体介质获得的净能量变化曲线。由图 9-25 可知，在各含气率对应的临界空化状态下，流体介质获得的净能量主要集中在叶轮的前 4 个区域；当空化发展到第二阶段时，在叶轮区域 3～区域 5 中，各流体域获得的净能量较临界空化状态略有降低；当空化发展到第三阶段，在进口含气率为 0 时，与前两个空化状态相比，在叶轮区域 2～区域 5 中流体获得的净能量降低幅度较大，而区域 7～区域 10 中流体获得的净能量比前两个工况增加幅度较大。在进口含气率为 10% 和 20% 对应区域 2～区域 4 中，流体获得的净能量降低幅度较大，而在区域 5～区域 10 中流体获得的净能量比临界空化有不同程度的增加，且区域 5 和区域 6 对应的静能量增加幅度较大，即叶轮域流体获得的净能量从叶

轮前半段向后半段转移。还可以发现，随着含气率的升高，相同空化阶段对应的
流体域获得的净能量逐渐减小。

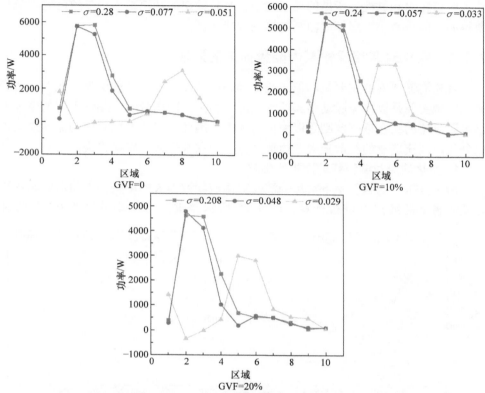

图9-25 不同含气率和空化状态下多相混输泵叶轮各区域流体介质获得的净能量变化曲线

结合前面的分析可知，在不同含气率对应的临界空化阶段，叶片的载荷主要
集中在沿叶片流线0～0.4范围内，使得其对应叶轮流体域1～4中压力所做的功
率较大，即此范围流体域中，叶轮输出的功率较大，导致叶轮域流体获得的净能
量主要集中在区域1～区域4。当空化发展到第二阶段时，由于空泡体积分数较
大，区域内黏性力所做的功率减小，且空泡末端的回流旋涡加剧了能量的耗散，
使得叶轮区域3～区域5中流体获得的净能量减小。当空化发展到第三阶段时，
进口含气率为0、10%和20%分别对应叶轮的区域2～区域5、区域2～区域4中
压力所做的功率降低幅度较大，导致区域2～区域5、区域2～区域4中流体获得
的净能量很小，而不同含气率分别对应的6区域～9区域、5区域～9区域中压
力所做的功率比前两个空化阶段增加，导致不同含气率分别对应的区域7～区域
9、区域5～区域9中流体获得的净能量比前两个空化阶段有所增加。因此，随
着空化的演变，多相混输泵的增压性能下降，且与临界空化状态相比，第三空化

阶段下多相混输泵增压性能降低幅度远大于第二空化阶段。此外,在临界空化阶段,随着含气率的升高,叶片表面载荷减小及混合流体的动力黏度减小,使得叶轮各区域压力和黏性力所做的功率减小,叶轮输出的功率减小,导致叶轮域流体获得的净能量减小,多相混输泵的增压性能降低。

9.5.2 空化对多相混输泵内能量损失的影响

多相混输泵内的主要流动形式是由远场的湍流和近壁区的层流组成的,远场湍流区域主要是以湍流脉动引起的雷诺应力为主,而由分子的黏性引起的摩擦力是可以忽略的,在近壁区则是以摩擦力为主。因此,多相混输泵内的流动损失可以分为由湍流造成的耗散损失和边壁处分子的黏性造成的摩擦损失。

1. 空化演变对湍流耗散损失的影响

为了分析不同含气率下空化的演变对湍流耗散损失的影响,下面对叶轮各流体域的湍流耗散损失进行计算,图 9-26 所示是进口含气率分别为 0、10% 和

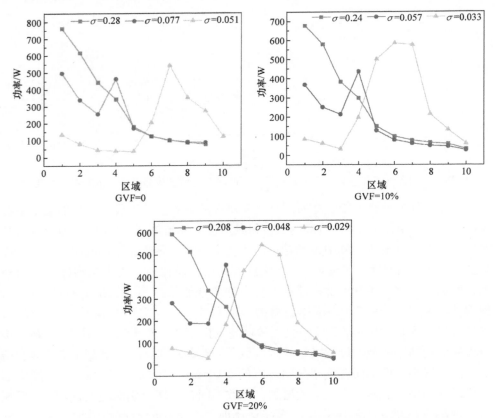

图 9-26 不同含气率和空化状态下叶轮各流体域的湍流耗散损失分布情况

20%和不同空化阶段下叶轮各流体域的湍流耗散损失分布情况。由图9-26可以看出，在各含气率对应的临界空化状态下，从叶轮流体域进口到出口，湍流耗散损失呈现出先急剧降低，再逐渐减小的趋势，这主要是因为在叶轮流体域进口附近，流动较为紊乱，流体对叶片的冲击较大，与叶轮流道内湍动能的分布相一致。还可以看出，随着含气率的升高，相同流体域的湍流耗散损失逐渐减小；当空化发展到第二阶段，各含气率下叶轮前三个流体域的湍流耗散损失比临界空化降低幅度大，而区域4中的湍流耗散损失突然增加；当空化发展到第三阶段时，进口含气率为0时对应区域1~区域5中湍流耗散损失较小，湍流耗散损失最大的区域转移到了区域7，而进口含气率为10%和20%对应湍流耗散损失较大的区域转移到了区域6，且与进口含气率为0相比湍流耗散损失较大区域的范围变大，由前面的分析可知，随着含气率的增加，在叶片吸力面未达到超空化时空化就已经延伸到叶片压力面，使得压力面和吸力面空泡末端同时出现了回流旋涡，从而使得湍流耗散损失和其影响区域变大。

2. 空化演变对摩擦损失的影响

为了分析空化对多相混输泵内摩擦损失的影响，下面对叶轮各流体域中的摩擦损失进行分析。图9-27所示是进口含气率分别为0、10%、20%和不同空化阶段下叶轮各流体域的摩擦损失变化曲线。由图9-27可知，在临界空化阶段，除进口含气率为10%和20%对应流体域1的摩擦损失大于进口含气率为0的情况外，各含气率下相同区域的摩擦损失变化趋势基本相同。当空化发展到第二阶段时，各含气率对应区域1~区域4中的摩擦损失大于临界空化，且区域4中摩擦损失增长幅度较大。根据Darcy和Darcy-Weisbach公式可知，在湍流状态下由流体黏性造成的沿程阻力损失与动压成正比，故区域1~区域3中的摩擦损失增加，而区域4中摩擦损失增加幅度较大的原因有两个：其一是由于区域4对应截面4到截面5动压功率的增加，其次是由于空泡末端对应的区域4中存在较大的逆压梯度，使得动能不足以克服较大的逆压梯度，导致摩擦损失变大。当空化发展到第三阶段时，由于区域1~区域2对应的截面1到截面3范围内动压功率较临界空化状态有所增加，使得各含气率对应的区域1~区域2中的摩擦损失增加。

3. 叶轮域流动损失对比

通过上述对叶轮各区域的湍流耗散损失和摩擦损失的分析，得到了空化演变对各流体域的两种损失的影响规律，为了探究空化演变对整个叶轮域的湍流耗散损失和摩擦损失的影响，下面对各含气率和不同空化阶段下整个叶轮流体域的湍流耗散损失和摩擦损失进行对比分析，图9-28所示是进口含气率分别为0、10%和20%和空化状态下整个叶轮流体域的两种损失对比。由图9-28可知，随着空化的演变，多相混输泵叶轮内部的摩擦损失逐渐增加，湍流耗散损失在进口

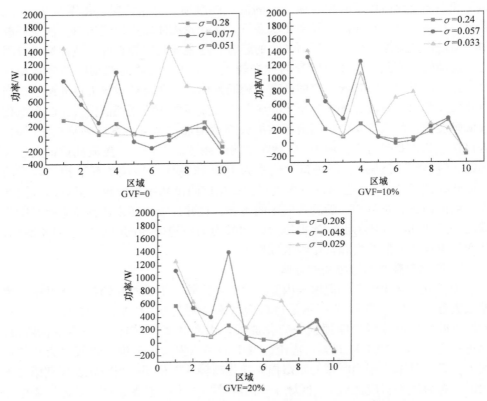

图 9-27　不同含气率和空化阶段下叶轮各流体域的摩擦损失变化曲线

含气率为 0 时呈现出逐渐降低的趋势，而进口含气率为 10% 和 20% 对应的湍流耗散损失呈现出先减小再增大的趋势，这是由于在含气工况下对应的第三空化阶段，叶片吸力面未达到超空化时，空化已经延伸到了叶片压力面，使得吸力面和压力面附近形成了两个回流旋涡，从而加剧了湍流耗散。在临界空化阶段，叶轮流体域的损失主要以湍流耗散为主。当空化发展到第二阶段时，随着含气率的升高，摩擦损失分别占总损失的 56%、71% 和 72%，而在第三空化阶段中该比例分别为 76.8%、67% 和 67%。

　　通过以上的分析可知，当多相混输泵内部没有发生空化或空化状态较微弱时，流动损失主要以湍流耗散损失为主，随着空化的演变，多相混输泵内部总损失增加，其中湍流耗散损失所占总损失的比例逐渐减小，而摩擦损失以及其占总损失的比例逐渐增加，当空化发展到一定程度时，多相混输泵的内流动损失以摩擦损失为主。

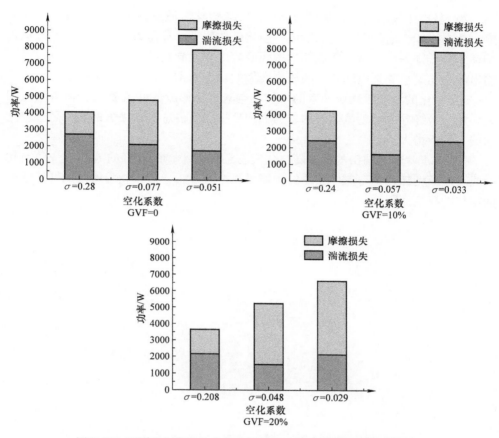

图 9-28 不同含气率和空化状态下整个叶轮流体域的两种损失对比

9.6 本章小结

本章首先对多相混输泵增压单元内的各种能量损失进行了定量分析，得出了不同工况下多相混输泵各种能量损失的变化规律，然后分析了多相混输泵在不同空化阶段下叶轮输出功率的变化、各流体域获得的净能量以及各流体域的流动损失的变化，较全面地揭示了由空化引起多相混输泵增压性能下降的原因，具体结论如下：

1）随着流量的增加，各级叶轮进口总的冲击损失以及各级叶轮内总的扩散损失逐渐增加，各级叶轮内总的摩擦损失先增大再减小，各级叶轮内总的湍流耗散损失逐渐减小，在小流量工况下，叶轮内的能量损失以湍流耗散损失为主，在大流量工况下叶轮内的能量损失以叶轮进口冲击损失和叶轮流道扩散损失为主。

2）当空化只出现在叶片吸力面时，叶轮空化区域黏性力的减小导致叶轮的输出功率降低，而随着空化的发展，空化延伸到了叶片压力面，此时叶轮域输出功率的降低则是由于压力所做的功率降低幅度较大导致的。此外，由多相混输泵输出的总功率主要是以叶片上的压力所做的功率为主。

3）空化的演变、动压功率的增加及空泡末端形成的回流旋涡会使得摩擦损失增加，最终导致叶轮流体域的总损失和摩擦损失占总流动损失的比例随着空化的演变逐渐增大。

4）由于叶轮域输出的功率随空化演变逐渐减小，而内部的流动损失随空化的演变逐渐增加，使得流体获得的净能量逐渐减小，导致多相混输泵的增压性能随空化的演变而降低。

第10章

多相混输泵流固耦合特性

多相混输泵叶轮和导叶的应力应变对其安全可靠运行有重要的影响，为了提高多相混输泵运行时的可靠性，必须进一步对叶片表面的应力应变及变形规律进行研究。本章将已计算出来的流体附加质量力加载到叶片实体域，从而得到叶片的应力应变分布规律。

10.1　多相混输泵叶片应力应变分布规律

10.1.1　黏度对多相混输泵叶片应力应变分布规律的影响

因在各工况下叶片上的应力和变形分布规律基本一致，书中仅给出了叶片在 $1.0Q$ 不同介质下叶片压力面、吸力面的应力和应变分布情况。图 10-1 所示为叶片压力面等效应力 σ_e 分布情况。从图 10-1 中可以看出，叶片的最大等效应力出现在叶片进口根部与轮毂的连接处，而出口应力较小。同时还可以看出，随着介质黏度的增加，叶片压力面的应力集中区域向叶片进口边偏移，且应力集中区域明显缩小。这是由于密度和黏度的差异，导致两相运动受到不同程度的扰动，密度小、黏度低的液相惯性较小，在叶片头部更易形成边界层分离，形成脱流现象，在叶片头部更易形成压力梯度造成应力集中。

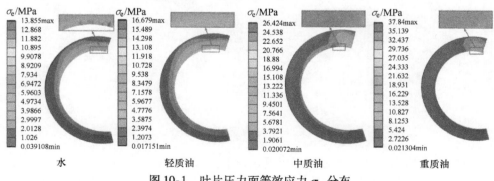

图 10-1　叶片压力面等效应力 σ_e 分布

图 10-2 所示为叶片吸力面等效应力 σ_e 分布情况。整体来看，叶片吸力面的最大等效应力出现在叶片进口根部与轮毂的连接处，而出口应力较小，且随着介质黏度的增加，靠近轮毂处的应力集中区域逐渐向叶片前缘聚集，应力集中区域逐渐缩小，但最大应力值逐渐增大。当介质为重质油时，最大值达到 37.84MPa。介质黏度对叶片表面的应力变化量有着较大的影响。

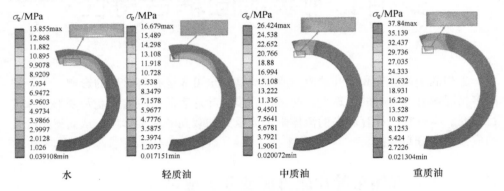

图 10-2　叶片吸力面等效应力 σ_e 分布

图 10-3 所示为叶片压力面变形量 δ 分布。从图 10-3 中可以看出，叶片的变形主要集中在叶片进口靠近轮缘处，越靠近轮缘叶片的变形量越大，向内逐步递减，这是由于在叶片设计时叶片的进口边越靠近轮缘处叶片的厚度越薄。从前面的流场分析也可以看出，在叶片进口边内部流动最不稳定，速度和压力梯度变化最大，这也是造成叶片变形的主要因素。还可以看出，叶片最大变形量随介质黏度的增加逐渐增大，且随着黏度的增加叶片的最大变形区域向进口边移动。因此，叶片的进口边较为脆弱，在优化多相混输泵时应予以重视。

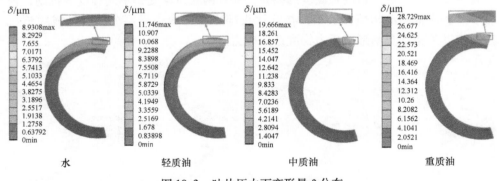

图 10-3　叶片压力面变形量 δ 分布

图 10-4 所示为叶片吸力面变形量 δ 分布。从图 10-4 中可以看出，在同一位置处叶片吸力面和压力面表面的变形分布规律基本相同，变形主要集中在叶片进

口边靠近轮缘处，越靠近轮缘叶片的变形量越大，向内逐步递减。从前面的流场分析也可以看出，在叶片进口边内部流动最不稳定，速度和压力梯度变化最大，这也是造成叶片变形的原因。同时叶片的进口边越靠近轮缘处叶片的厚度越薄，当受到流体作用力和离心力作用时，更易发生扭曲变形。还可以看出，叶片最大变形量随介质黏度的增加逐渐增大，且随着黏度的增加叶片的最大变形区域向进口边移动。

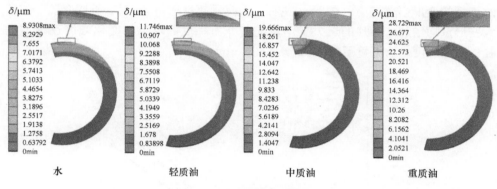

图 10-4 叶片吸力面变形量 δ 分布

10.1.2 流量对多相混输泵叶片应力应变分布规律的影响

图 10-5 所示为不同黏度下多相混输泵最大等效应力随流量的变化曲线。从图 10-5 中可以看出，随着流量的增大，不同工况下叶片表面的最大等效应力均先减小后增大，在小流量工况下不同介质的最大等效应力变化幅度较小，且变化

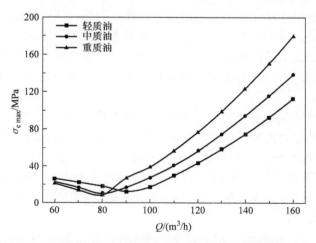

图 10-5 不同黏度下多相混输泵最大等效应力随流量的变化曲线

多相混输泵内部流动数值模拟

幅度在 5MPa 左右；当流量超过 90m³/h 时，随着流量的增加不同介质下的最大等效应力变化幅度逐渐加强，变化幅度最大为 40MPa。同时还可以看出，等效应力随着介质黏度的增加而增大。

图 10-6 所示为不同黏度下多相混输泵最大变形量随流量的变化曲线。整体来看，随着流量的增加最大变形量先减小后增大，变化趋势与最大等效应力随流量的变化规律相同。在小流量下，随着介质黏度的增加最大变形量逐渐减小，叶片表面的变形幅度较小，在 3μm 左右。当流量超过 90m³/h 时，不同介质下的最大变形量均增加，叶片的最大变形量随着介质黏度的增加，变化幅度逐渐增加强，变形幅度由小流量下的 3μm 增加到 40μm。

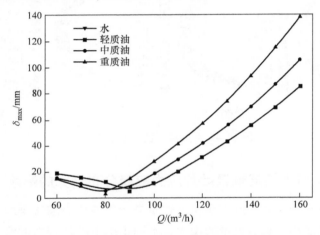

图 10-6　不同黏度下多相混输泵最大变形量随流量的变化曲线

综上可以看出，叶片的最大等效应力与叶片的最大变形量随流量的变化规律相似，即产生最大等效应力的工况也是变形最大的工况，因此应尽量避免多相混输泵在大流量工况下长时间运行。在小流量下，随着介质黏度的增加最大变形量和等效应力逐渐减小，在大流量下随着介质黏度的增加而增大，且随流量的增加变化幅度加剧。

为了便于分析流量对叶轮叶片等效应力的影响，在叶片最容易产生应力集中的区域即叶片的压力面靠近轮毂处选取流线 S1，从叶轮的进口到出口沿流线 S1 方向均匀选取 35 个测点，提取应力值。流线 S1 的选取如图 10-7 所示。

图 10-8 所示为不同黏度下叶片应力沿根部曲线 S1 方向的变化。为了描述沿着流线方向不同位置处应力的大小，在本节引入流向系数这一概念，即在流动方向各点的相对位置。

从图 10-8 中可以看出，在小流量 0.6Q 时，介质黏度越小其等效应力反而越大，在流向系数为 0～0.2 时等效应力受到介质黏度的影响波动最大，当介质

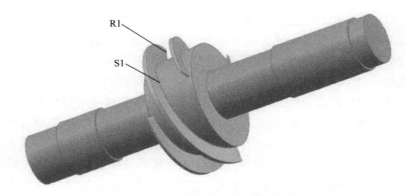

图 10-7　叶片沿根部曲线 S1 和沿径向曲线 R1

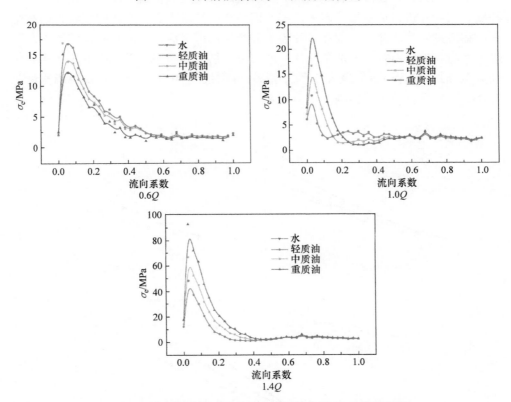

图 10-8　不同黏度下叶片应力沿根部曲线 S1 方向的变化

为轻质油时最大应力值为 17MPa。在额定流量时，当流向系数为 0 ~ 0.2 时，介质的黏度越大其等效应力越大，而在流向系数为 0.1 ~ 0.4 时，介质黏度较低的液相对叶片表面应力的影响较大，当介质为重质油时最大应力值为 22.5MPa。在大流量 1.4Q 时，沿着流线方向各个位置处，介质黏度越大其对应的等效应力越大，在进口位置等效应力受到介质黏度的影响最大，在流向系数为 0.4~1.0 时，叶片表面的应力变化较为稳定，当介质为重质油时最大应力值为 80MPa。当流量由 0.6Q 变化到 1.4Q 时，叶片轮毂处的最大等效应力由 17MPa 增加到 80MPa，这说明流量的变化对多相混输泵叶片应力的变化具有较大的影响。

为了便于分析流量对叶轮叶片变形量的影响，在叶片变形量最大的区域，即叶片的压力面靠近进口处沿径向方向选取径向曲线 R1，如图 10-7 所示。同时为了便于分析，在径向曲线 R1 上均匀选取 15 个测点，分别提取其变形量。图 10-9 所示为在不同黏度下叶片的变形量随流量的变化规律。整体来看，各工况下变形量随着径向系数的增加而增大。在 0.6Q 时，介质黏度越小叶片进口边的变形量越大，且越接近轮缘黏度对变形量的影响越大；随着流量的增加，介质黏度越大叶片进口边变形量越大。其原因是在小流量下黏度小，密度较大的黏性介质在流过叶片头部时，会在叶片吸力面产生局部旋涡，从而在叶片的压力面和吸力面间产生压力差，增加了叶片变形幅度。同时还发现，当流量由 0.6Q 变化到 1.4Q 时，叶片前缘的最大变形量由 20μm 增加到 90μm，这进一步说明流量对叶片变形量具有较大的影响。

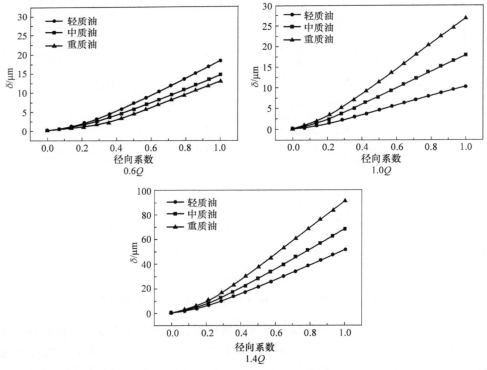

图 10-9　不同黏度下叶片的变形量随流量的变化规律

综上可知，流量和黏度对叶片的等效应力和变形均有影响，但流量对其影响较为明显，而黏度的影响则相对较小。流量不仅对叶片的等效应力具有较大的影响，还对叶片的变形也具有较大的作用，并且在大流量下叶片的等效应力和变形量的变化幅度均有所增加。

10.1.3　含气率对多相混输泵叶片应力应变分布规律的影响

图 10-10 所示为含气率变化对叶轮内叶片等效应力的影响。整体来看，随着

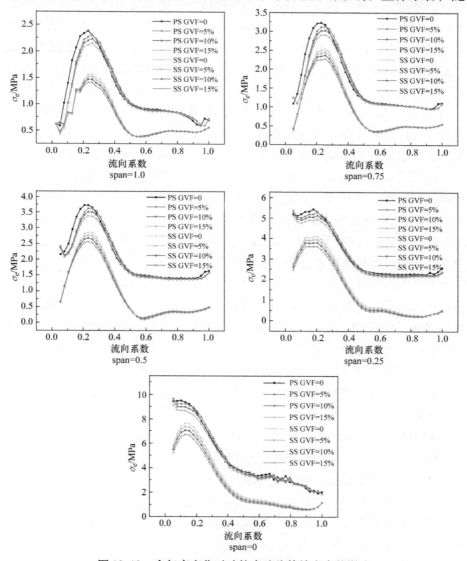

图 10-10　含气率变化对叶轮内叶片等效应力的影响

流向系数的增加叶轮内叶片压力面的等效应力先增大后减小，叶片吸力面应力值的变化规律与压力面相同，但整体要低于压力面的等效应力。在流向系数为0.2时，压力面与吸力面同时达到最大值。当流向系数为0~0.5时，即从叶片的进口到叶片的中部叶片表面的等效应力波动较大；而流向系数为0.5~1.0时，即从叶片的中部到叶片的出口变化规律则相反。这是由于叶片的前半部分增压能力较强而后半部分的增压效果较弱。同时从图10-10中可以看出，在各工况下随着含气率的增加压力面和吸力面等效应力整体减小。这是因为叶轮进口含气率的变化对叶片表面的应力分布有一定的影响，当进口含气率增加时，叶片表面的静压会相对减小，与此同时会降低叶片表面的应力值。从轮缘到轮毂，随着叶高的不断下降等效应力反而增加，并且随着含气率的增加最大等效应力区域逐渐向叶轮进口移动。

图10-11所示为含气率变化对叶导叶内叶片变形量的影响。从图10-11中可以看出，气体体积分数对叶片等效应力的影响不大。还可以看出，在压力面随着流向系数的增加，等效应力整体呈先减小后增大的基本变化趋势，即在叶片的进口和出口处均有较明显的应力集中现象，这说明叶片进出口边对流体的压力载荷及动静干涉作用极为敏感。同时还发现，在靠近轮缘处，即0.5~1.0叶高时，当流向系数在0~0.5范围内时吸力面的等效应力要高于压力面的等效应力，而流向系数为0.5~1.0时则相反。在靠近轮毂处，叶高在0~0.25倍范围内时，压力面的等效应力整体要高于吸力面的等效应力。

因为叶轮内叶片的变形量变化不大，因此采取压力面与吸力面的平均变形量来绘制变形量随含气率变化的曲线。图10-12所示为含气率变化对叶轮内叶片变形量的影响。从图10-12中可以看出，在各含气率下从轮毂到轮缘变形量是逐渐增加的，且最大变形量均出现在流向系数为0.1附近处。在流向系数为0~0.5时叶片的变形最为明显，梯度变化最大，而为0.5~1.0时变形量基本保持不变。同时还发现，随着含气率的增加变形量变化并不明显，即含气率对叶轮叶片变形量的影响较小。

图10-13所示为含气率变化对导叶内叶片变形量的影响。由图10-13可以看出，整体上，不同工况下变形量变化曲线十分相似，只是变形量有一定的差别。从图10-13中还可以看出，随着流向系数的增加，导叶内叶片变形量呈先减小后增大的趋势。变形最明显的位置为叶片的进口与出口位置，并且从轮缘到轮毂叶片的变形量及变形梯度逐渐减小，流向系数为0.5时变形量最小。随着含气率的增加，导叶内叶片的变形量有一定程度的下降。

综上，含气率对叶片表面的等效应力具有一定程度的影响，并且影响较小，

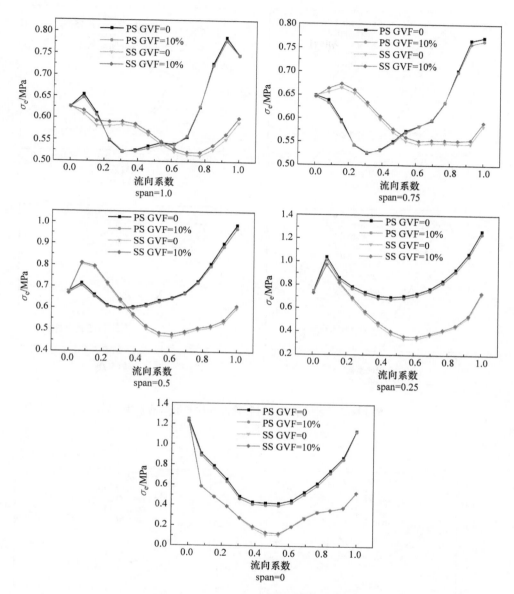

图 10-11　含气率变化对叶导叶内叶片变形量的影响

但不同叶高处叶片的等效应力分布差异较大，并且压力面的等效应力在数值上明显要大于吸力面的等效应力。在导叶内压力面的等效应力同样要大于吸力面的等效应力。

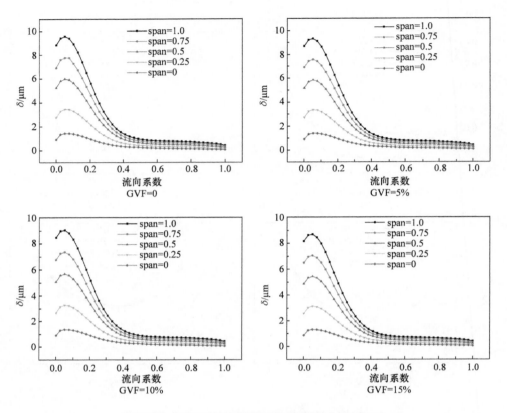

图 10-12　含气率变化对叶轮内叶片变形量的影响

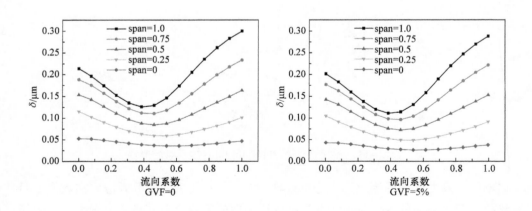

图 10-13　含气率变化对导叶内叶片变形量的影响

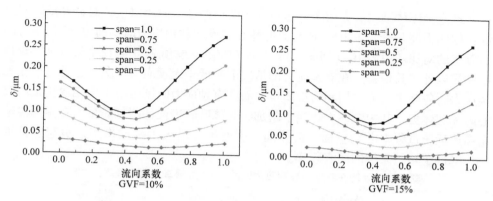

图 10-13　含气率变化对导叶内叶片变形量的影响（续）

10.2　多相混输泵转子模态特性

叶轮运转时的稳定性限制了多相混输泵的高效运行范围，同时也决定了多相混输泵的安全性。在静力学分析的基础上，本节对有无预应力时的模态进行分析，同时选取 5 种不同轴向长度的泵轴对多相混输泵转子前 3 阶振型进行对比，并对其固有频率进行分析。

10.2.1　预应力对多相混输泵转子动力学特性的影响

为了得到有预应力的模态分布，必须将叶轮所受到的载荷全部加载到模型上，此处考虑叶轮受到的力主要有自身的重力、旋转时的离心力和水体对叶片及轮毂的压力。其中，自身重力可以通过直接设置完成，旋转时的离心力通过设置转速完成，叶轮受到水的反作用力是通过流固耦合的方法将水的作用力加载到叶轮上，其搭建流程如图 10-14 所示。计算无预应力下叶轮固有频率时，不考虑流体附加质量力。

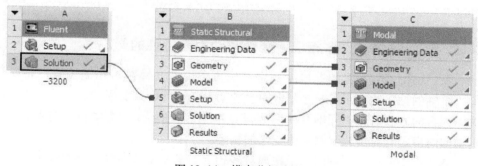

图 10-14　模态分析流程

理论上固体结构有无限个模态与其无限个振型方向相对应，对计算结果起主导作用的为前几阶。表 10-1 所列为叶轮在考虑加载预应力时的前 10 阶频率与固有频率的对比。由表 10-1 可知，除了第一阶在考虑预应力与不考虑预应力时频率相同以外，其他各阶在有预应力的情况下略低于无预应力情况。这是由于在无预应力时忽略了阻尼作用和附加质量，而在有预应力时则考虑了多相混输泵的离心力和流体力，其中流体力相当于附加在固体叶轮表面的附加质量，在多相混输泵高速运转过程中叶轮壁面与流体间产生摩擦，增大了阻尼作用，引起能量消耗，降低了转子系统的固有频率。

表 10-1　叶轮在考虑加载预应力时的前 10 阶频率与固有频率的对比

阶次	频率/Hz		阶次	频率/Hz	
	有预应力	无预应力		有预应力	无预应力
1	1521.6	1521.6	6	4353.1	4353.4
2	2063.4	2064.0	7	4515.5	4516.1
3	2063.9	2064.5	8	4547.0	4547.5
4	4277.1	4277.5	9	4717.0	4717.9
5	4295.5	4295.9	10	6494.0	6494.6

由于是否添加预应力对叶轮振型的影响较小，因此本节只分析了考虑预应力时的各阶振型，如图 10-15 所示。第 1 阶振型表现为叶轮绕着泵轴方向的转动，在轮毂和叶轮处沿着径向方向产生环状变形。第 2 阶振型和第 3 阶振型同时表现为扭转变形，但扭转的方向不同。

第1阶振型　　　　　　　　第2阶振型　　　　　　　　第3阶振型

图 10-15　转子系统的前 3 阶振型图

10.2.2　泵轴约束对多相混输泵转子动力学特性的影响

泵轴结构参数是多相混输泵稳定性的重要因素，针对多相混输泵的特殊结构，泵轴的轴向约束距离对多相混输泵的动力学特性有重要影响。本节采用单向流固耦合的方法研究不同轴向约束距离对多相混输泵转子动力学特性的影响，分析轴向约束距离对多相混输泵稳定性的影响。

本节主要分析不同轴向约束距离对多相混输泵振型及固有频率的影响，并将有预应力模态与自由模态的结果进行对比。多相混输泵转子结构如图 10-16 所示，定义多相混输泵的轴向约束距离为 L_1 与 L_2 之和，选取不同轴向间距比 $\lambda = L_1/L_2$（1.2、1.0、0.8 和 0.6）对多相混输泵的转子动力学特性进行研究，分析泵轴的结构对多相混输泵稳定性的影响。

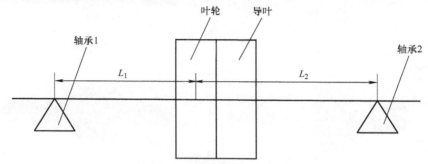

图 10-16　多相混输泵转子结构

同样，由于对计算结果起主导作用的为前几阶，因此下面分别计算有无预应力的前 3 阶模态。表 10-2 所列为多相混输泵泵轴不同轴向间距比 λ 对转子的固有频率的影响。

表 10-2　轴向间距比 λ 对转子的固有频率的影响

阶次	预应力	λ			
		1.2	1.0	0.8	0.6
1	有	1326.6	1250.6	1222.0	1195.0
	无	1326.8	1251.6	1224.0	1197.0
2	有	1770.0	1585.2	1499.3	1416.1
	无	1771.4	1586.3	1450.3	1417.2
3	有	1773.7	1586.4	1501.0	1417.3
	无	1773.8	1586.7	1503.0	1418.8

从表 10-2 中可以看出，预应力的有无对多相混输泵固有频率的影响较小，而多相混输泵泵轴的轴向间距比，即泵轴的结构变化对多相混输泵固有频率的影响较大。同时还发现，随着轴向间距比的增大，多相混输泵转子的固有频率逐渐增大。

图 10-17 所示为多相混输泵转子在轴向间距比为 1.2 时，转子系统的前 6 阶振型。从图 10-17 中可以看出，第一阶振型表现为绕泵轴的扭转，叶轮、导叶、叶片沿着径向方向从内侧到外侧产生环状变形，且越靠近外侧变形量越大。泵轴越接近叶轮处变形量越大，距离叶轮越远变形量越小。第二阶和第三阶振型同时表现为绕 y 轴、x 轴摆动，第四阶振型和第五阶振型均表现为泵轴最右端的弯曲变形，第六阶振型与第一阶振型相同，表现为绕泵轴的扭转变形。

为了比较不同轴向约束距离下振型的变化规律，在此分析不同轴向约束距离

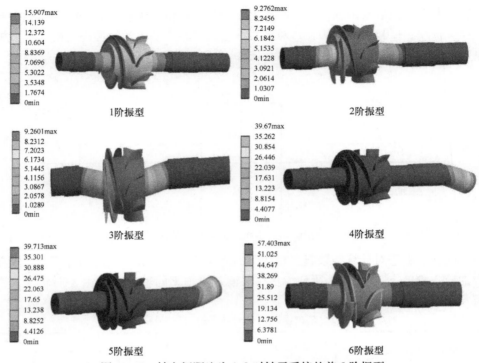

图 10-17　轴向间距比为 1.2 时转子系统的前 6 阶振型

下的前 3 阶振型变化规律，如图 10-18 所示。从图 10-18 中可以看出，多相混输泵的轴向间距比对多相混输泵转子振型的影响较小。

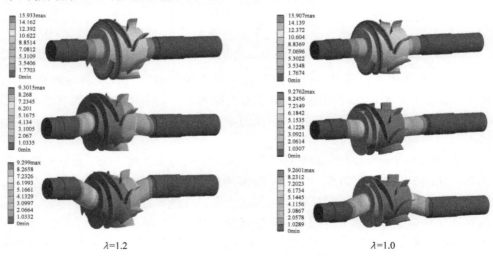

图 10-18　不同轴向间距比下转子系统前 3 阶振型图

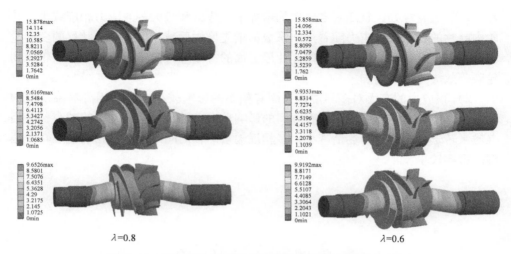

$\lambda=0.8$　　　　　　　　　　　　　　　$\lambda=0.6$

图 10-18　不同轴向间距比下转子系统前 3 阶振型图（续）

10.2.3　泵轴约束对多相混输泵转子临界转速的影响

当多相混输泵转子在临界转速下运行时，往往会伴随着较剧烈的振动，引发事故并导致轴承及轴的磨损，频率 f 和转速 n 有如下关系式：

$$n = 60f \tag{10-1}$$

采用流固耦合方法计算该多相混输泵转子的第一临界转速，由表 10-2 中的第 1 阶固有频率值直接带入式（10-1）计算。不同轴向间距比的转子临界转速计算结果见表 10-3。从表 10-3 中可以看出，临界转速随着轴向间距比的减小而减小。

表 10-3　不同轴向间距比的转子临界转速计算结果

轴向间距比 λ	第 1 阶固有频率	转子临界转速
1.2	1326.6	79596
1.0	1250.6	75036
0.8	1222.0	73320
0.6	1195.0	71700

10.3　本章小结

本章主要对多相混输泵的流固耦合特性进行了分析，包括叶轮和导叶叶片的应力应变分布规律、叶片的变形量及转子模态特性等，得到如下结论：

1）最大应力主要集中在叶片进口边靠近轮毂处，而最大变形主要集中在叶片进口靠近轮缘处，且随着含气率的增加最大应力和最大等效应力相应减小；叶轮内叶片的变形量和应力随着流向系数的增先增大后减小，导叶内叶片的变形量和应力变化规律则相反。叶轮内叶片压力面的等效应力高于吸力面，且从轮缘到轮毂等效应力逐渐增加。

2）预应力的有无对多相混输泵固有频率的影响较小，而多相混输泵泵轴的轴向约束距离对多相混输泵固有频率的影响较大。随着轴向间距比的减小，多相混输泵转子的固有频率逐渐减小；多相混输泵的轴向间距比对多相混输泵转子振型的影响较小。

参 考 文 献

[1] 车得福, 李会雄. 多相流及其应用 [M]. 西安: 西安交通大学出版社, 2007.

[2] 薛敦松, 李清平, 李汗强, 等. 油气水多相混输与计量技术 [M]. 北京: 中国石化出版社, 2017.

[3] 赖喜德, 徐永. 叶片式流体机械动力学分析与应用 [M]. 北京: 科学出版社, 2017.

[4] 邓斌. 气液两相流三维自由面流动问题的数学模型研究 [D]. 长沙: 长沙理工大学, 2010.

[5] 马希金, 李新凯, 王楠, 等. 导叶叶片数对气液混输泵性能的影响 [J]. 兰州理工大学学报, 2012, 38 (3): 51 - 55.

[6] SINGHAL A K, ATHAVALE M M, LI H, et al. Mathematical basis and validation of the full cavitation model [J]. Journal of fluids engineering, 2002, 124 (3): 617 - 624.

[7] 郑小波, 刘莉莉, 郭鹏程, 等. 基于不同空化模型 NACA66 水翼三维空化特性数值研究 [J]. 水动力学研究与进展 (A 辑), 2018, 33 (2): 199 - 206.

[8] LEROUX J B, ASTOLFI J A, BILLARD J Y. An experimental study of unsteady partial cavitation [J]. Journal of fluids engineering, 2004, 126 (1): 94 - 101.

[9] 王清智, 崔颖, 吴照, 等. 三种空化模型下挤压油膜阻尼器空化流场特性对比 [J]. 大连海事大学学报, 2020, 46 (1): 124 - 130.

[10] 洪锋, 袁建平, 周帮伦, 等. 改进 Schnerr - Sauer 模型在水翼空化模拟中的评估分析 [J]. 哈尔滨工程大学学报, 2016, 37 (7): 885 - 890.

[11] 王福军. 计算流体动力学分析 [M]. 北京: 清华大学出版社, 2004.

[12] 宋学官, 蔡林. 流固耦合分析与工程实例 [M]. 北京: 中国水利水电出版社, 2012.

[13] 吴达人, 陈胜利. 离心泵叶轮的载荷分布和性能关系的研究 [J]. 农业机械学报, 1988 (2): 58 - 65.

[14] 张翔. 不锈钢冲压焊接离心泵能量转换特性与设计方法 [D]. 镇江: 江苏大学, 2011.

[15] 苗森春. 离心泵作液力透平的能量转换特性及叶轮优化研究 [D]. 兰州: 兰州理工大学, 2016.

[16] 权辉. 螺旋离心泵内部流动和能量转换机理的研究 [D]. 兰州: 兰州理工大学, 2012.

[17] 关醒凡. 现代泵理论与设计 [M]. 北京: 中国宇航出版社, 2011.

[18] ROUSSOPUOULOS K, MONKEWITZ P A. Measurements of Tip Vortex Characteristics and the Effect of an Anti - Cavitation Lip on a Model Kaplan Turbine Blade [J]. Flow Turbulence & Combustion, 2000, 64 (2): 119 - 144.

[19] 张兆顺. 湍流 [M]. 北京: 国防工业出版社, 2002.

[20] 归柯庭, 汪军, 王秋颖. 工程流体力学 [M]. 北京: 科学出版社, 2015.

[21] KOWALCZUK Z, TATARA M S. Improved model of isothermal and incompressible fluid flow in pipelines versus the Darcy - Weisbach equation and the issue of friction factor [J]. Journal of Fluid Mechanics, 2020, 891: 1 - 26.

［22］罗琨．多相混输泵内部流动及叶轮域能量转换特性研究［D］．成都：西华大学，2019．

［23］王志文．螺旋轴流式多相混输泵内部流动能量损失特性研究［D］．成都：西华大学，2019．

［24］胡全友．螺旋轴流式油气混输泵气液两相瞬态流动特性研究［D］．成都：西华大学，2017．

［25］王闪．基于气液两相条件下多相混输泵空化特性的研究［D］．成都：西华大学，2020．

［26］姚显彤．基于气液两相条件的多相混输泵水力激振特性研究［D］．成都：西华大学，2020．

［27］SHI G T，WANG Z W，WANG Z W，et al．Research on the Pressurization Performance of an Impeller in a Multi－phase Pump under Different Working Conditions［J］．Advances in Mechanical Engineering，2019，11（3）：1－11．

［28］SHI G T，LIU Z K，XIAO Y X，et al．Energy conversion characteristics of multiphase pump impeller analyzed based on blade load spectra［J］．Renewable Energy，2020，157：9－23．

［29］SHI G T，LUO K，WANG Z W，et al．Study on the distribution regularity of gas volume in multiphase pump［J］．IOP Conf．Series：Earth and Environmental Science，2018，163：012001．

［30］SHI G T，WANG Z W，LUO K，et al．Effect of gas volume fraction on the vortex motion within the oil－gas multiphase pump［J］．IOP Conf．Series：Earth and Environmental Science，2018，163：012002．

［31］史广泰，王志文，罗琨，等．油气混输泵压缩级内湍流强度及湍流耗散特性分析［J］．热能动力工程，2018，33（6）：115－121．

［32］史广泰，王志文．多相混输泵叶轮不同区域增压性能［J］．排灌机械工程学报，2019，37（1）：13－17．

［33］史广泰，罗琨，刘宗库，等．螺旋轴流式多相混输泵叶轮域的能量特性［J］．排灌机械工程学报，2020，38（7）：670－676．

［34］史广泰，李和林，刘宗库，等．轮毂比对多相混输泵内流特性的影响［J］．流体机械，2020，48（5）：49－54．

［35］史广泰，姚显彤，王闪，等．考虑介质黏性影响的多相混输泵叶片应力应变分析［J］．排灌机械工程学报，2020，38（10）：991－996．

［36］史广泰，严单单．含气率对多相混输泵内气液两相分布规律的影响［J］．船舶工程，2020，42（8）：85－90．

［37］姚显彤，史广泰，刘宗库，等．含气率对多相混输泵叶片应力应变的影响［J］．热能动力工程，2020，35（8）：45－53．

［38］张钊，史广泰，刘宗库，等．黏度对混输泵内气相分布规律的影响［J］．流体机械，2020，48（9）：58－64．

［39］史广泰，刘宗库，李和林，等．多相混输泵内气液两相流动的压力脉动特性［J］．排灌机械工程学报，2021，39（1）：1－7．

［40］史广泰，罗琨，王志文，等．轴流式混输泵叶片载荷分布特性研究［J］．水电能源科

学, 2018, 36 (4): 175-178.

[41] 史广泰, 王闪, 姚显彤, 等. 空化对多相混输泵内流动特性的影响 [J]. 水电能源科学, 2020, 38 (5): 156-159.

[42] 史广泰, 刘宗库, 陈佩贤, 等. 小流量工况叶片数对多相混输泵增压性能的影响 [J]. 中国农村水利水电, 2020 (8): 87-90.

[43] 王勇, 王东. "海神" P302 型多相泵的开发设计及经济评价 [J]. 天然气与石油, 1997 (3): 53-58.

[44] 李松山, 曹锋, 邢子文. 海底油气多相混输泵的研究与应用 [J]. 流体机械, 2011, 39 (3): 40-44, 51.

[45] 冯志丹. 含气率变化对轴流式油气混输泵轴扭应力的影响及改善 [D]. 兰州: 兰州理工大学, 2014.

[46] ZHANG J Y, GUO G, YANG J, et al. Investigation on inner gas-liquid flow and performance of liquid-ring pump [J]. Transactions of the Chinese Society for Agricultural Machinery, 2014, 45 (12): 99-103.

[47] 余志毅, 刘影. 叶片式混输泵气液两相非定常流动特性分析 [J]. 农业机械学报, 2013, 44 (5): 66-69, 95.

[48] 权辉, 傅百恒, 李仁年, 等. 基于叶片翼型负荷的螺旋离心泵叶轮域能量转换机理 [J]. 机械工程学报, 2016, 52 (16): 169-175.

[49] 权辉, 李仁年, 苏清苗, 等. 单介质螺旋离心泵能量转换机理 [J]. 排灌机械工程学报, 2014, 32 (2): 130-135.

[50] 杨云博, 齐志斌, 王卜. 试论油田多相混输泵的应用 [J]. 内蒙古石油化工, 2014 (21): 22-25.

[51] 王庆楠, 李增亮, 彭峰. 多相叶片混输泵过流部件设计与外特性研究 [J]. 石油机械, 2007, 35 (4): 31-33.

[52] ZHENG J Y, ZHANG X, XU P, et al. Standardized equation for hydrogen gas compressibility factor for fuel consumption applications [J]. International Journal of Hydrogen Energy, 2016, 41: 6610-6617.

[53] LIU X B, HU Q Y, WANG H Y, et al. Characteristics of unsteady excitation induced by cavitation in axial-flow oil-gas multiphase pumps [J]. Advances in Mechancial Engineering, 2018, 10 (4): 1-8.

[54] LIU X B, HU Q Y, SHI G T, et al. Research on Transient Dynamic Characteristics of Three-Stage Axial-Flow Multi-Phase Pumps Influenced by Gas Volume Fractions [J]. Advances in Mechanical Engineering, 2017, 9 (12): 1-10.

[55] CAO S, PENG G, YU Z. Hydrodynamic design of rotodynamic pump impeller for multiphase pumping by combined approach of inverse design and CFD analysis [J]. Journal of Fluids Engineering, 2005, 127 (2): 330-338.

[56] YU Z Y, ZHU B H, CAO S L. Interphase force analysis for air-water bubbly flow in a multiphase rotodynamic pump [J]. Engineering Computations, 2015, 32 (7): 2166-2180.

[57] ZHANG J, LI Y, CAI S, et al. Investigation of gas – liquid two – phase flow in a three – stage rotodynamic multiphase pump via numerical simulation and visualization experiment [J]. Advances in Mechanical Engineering, 2016, 8 (4)：1687814016642669.

[58] 叶朝东. 叶片泵中能量损失的探讨 [J]. 通用机械, 2017 (4)：74 – 75.

[59] 姚立奎. 油田离心泵能量损失分析及对策 [J]. 中国设备工程, 2009 (3)：35 – 36.

[60] 李文广. 流体黏度对离心泵能量损失的影响 [J]. 化工机械, 1999 (1)：13 – 15.

[61] 张金亚, 朱宏武, 徐丙贵, 等. 高含气率下增强叶轮内气液均匀混合的方法 [J]. 排灌机械工程学报, 2012, 30 (6)：641 – 645.

[62] STUART S. Multiphase pumping addressed a wide range of operating problems [J]. Oil Gas Journal, 2003 (9)：59 – 71.

[63] 邱立辉, 何希杰, 劳学苏. 油田多相流泵研究现状与发展趋势 [J]. 通用机械, 2012 (10)：70 – 73.

[64] ZHANG J, CAI S, LI Y, et al. Visualization study of gas – liquid two – phase flow patterns inside a three – stage rotodynamic multiphase pump [J]. Experimental Thermal & Fluid Science, 2016, 70：125 – 138.

[65] 黄彪, 王国玉, 张博, 等. 空化模型在非定常空化流动计算的应用评价与分析 [J]. 船舶力学, 2011 (11)：3 – 10.

[66] 刘厚林, 刘东喜, 王勇, 等. 三种空化模型在离心泵空化流计算中的应用评价 [J]. 农业工程学报, 2012, 28 (16)：54 – 59.

[67] HIDALGO V, ESCALER X, VALENCIA E, et al. Scale – Adaptive Simulation of Unsteady Cavitation Around a Naca66 Hydrofoil [J]. Applied Sciences, 2019, 9 (18)：1 – 11.

[68] 马希金, 冯志丹. 基于流固耦合的轴流泵叶片结构分析 [J]. 兰州理工大学学报, 2015, 41 (4)：51 – 54.

[69] HU F F, CHEN T, WU D Z, et al. Computation of stress distribution in a mixed flow pump based on fluid – structure interaction analysis [J]. IOP Conference Series：Materials Science and Engineering, 2013, 52 (2)：22 – 35.

[70] MENG F, YUAN S, LI Y. Fluid – structure coupling analysis of impeller in unstable region for a reversible axial – flow pump device [J]. Advances in Mechanical Engineering, 2018, 10 (3)：1 – 10.

[71] 李伟, 施卫东, 张德胜, 等. 基于流固耦合方法的斜流泵叶轮强度分析 [J]. 流体机械, 2012, 40 (12)：19 – 22.

[72] 姚婷婷, 郑源. 轴流式水轮机顶盖强度及模态有限元分析 [J]. 排灌机械工程学报, 2020, 38 (1)：39 – 44.

[73] SAEED R A, GALYBIN A N, POPOV V. Modelling of flow – induced stresses in a Francis turbine runner [J]. Advances in Engineering Software, 2010, 41 (12)：1245 – 1255.